2020年沂沭泗河暴雨洪水分析研究

沂沭泗水利管理局水文局(信息中心)　编著

U0227607

黄河水利出版社

·郑州·

内 容 提 要

本书在依据大量实测和调查资料的基础上,全面、客观、系统地描述了 2020 年沂沭泗流域的暴雨洪水情况,详细分析了暴雨洪水的成因、特点、过程、组成及量级等,进行了沂河临沂至骆马湖湖口段行洪能力分析、沭河浔河口至石拉渊段河道行洪情况分析、沭河重沟段行洪能力及测验要素分沂入沭水道彭道口闸分洪情况变化分析等专题分析。

本书可防汛抗旱、水文气象、规划设计、防洪减灾、工程运行管理等领域的技术人员及政府决策人员阅读、参考。

图书在版编目(CIP)数据

2020 年沂沭泗河暴雨洪水分析研究/沂沭泗水利管理局水文局(信息中心)编著. —郑州:黄河水利出版社,2024.4

ISBN 978-7-5509-3875-5

Ⅰ.①2… Ⅱ.①沂… Ⅲ.①暴雨洪水-水文分析-研究-中国-2020 Ⅳ.①P333.2②P426.616

中国国家版本馆 CIP 数据核字(2024)第 080389 号

责任编辑	文云霞	责任校对	鲁 宁
封面设计	张心怡	责任监制	常红昕

出版发行 黄河水利出版社

地址:河南省郑州市顺河路 49 号 邮政编码:450003

网址:www.yrcp.com E-mail:hhslcbs@126.com

发行部电话:0371-66020550

承印单位 河南新华印刷集团有限公司

开 本 787 mm×1 092 mm 1/16

印 张 9.25

字 数 214 千字

版次印次 2024 年 4 月第 1 版 2024 年 4 月第 1 次印刷

定 价 58.00 元

《2020 年沂沭泗河暴雨洪水分析研究》
编 委 会

主　编:杨殿亮

副主编:赵艳红　詹道强　王　凯

各章节编写人员:

第一章　王秀庆　詹道强　赵梦杰

第二章　王秀庆　杜庆顺　苏　翠

第三章　于百奎　杨殿亮　刘小虎

第四章　于百奎　赵艳红　赵梦杰

第五章　曹　晴　杨殿亮　胡友兵

第六章　詹道强　曹　晴　杜庆顺　郭爱波　李风雷

　　　　于百奎　沙正保　邱岳阳　张剑峰　刘　月

　　　　陈　虎　袁理想　高钟勇　田军军　王晓书

第七章　赵艳红　詹道强　丁　威　胡传君

前　言

2020 年 8 月 13、14 日，受西南低空急流影响，沂沭泗河上游出现强降雨过程，沂河发生 1960 年以来最大洪水，洪水重现期约 15 年；沭河发生 1974 年以来最大洪水，洪水重现期约 22 年，为有资料记录以来的实测最大洪水；泗河发生超警戒洪水。

为全面、客观地描述 2020 年沂沭泗河暴雨洪水，重点分析 8 月 13、14 日暴雨洪水的特性及防洪工程所发生的作用，为防汛抗洪、水利规划、工程设计以及水文情报预报等提供有价值的宝贵资料，沂沭泗水利管理局水文局（信息中心）于 2020 年 12 月部署并组织开展本书的编写工作，在对沂沭泗流域暴雨洪水全面调查、分析总结的基础上编写了本书。

本书分析了 2020 年暴雨的时空分布及暴雨成因，洪水过程、组成以及重现期，并与历史洪水进行了分析比较，较全面、准确地反映了 2020 年沂沭泗河暴雨洪水特性；对 2020 年水利工程的调度运用对洪水的影响进行了分析；对沂河临沂至骆马湖湖口段行洪能力、沭河浔河口至石拉渊段河道行洪情况、沭河重沟段行洪能力及测验要素、分沂入沭水道彭道口闸分洪情况变化、沂沭河"2020·8·14"洪水最高水面线、新沂河沭阳段行洪能力、南四湖二级坝闸下泄流量变化进行了专题分析，并针对沂沭泗水系水文测报、水文气象情报预报等工作存在的问题提出了建议。

本书在编写及出版过程中得到了沂沭泗水利管理局、淮河水利委员会水文局（信息中心）及黄河水利出版社的大力支持，在此表示衷心的感谢！由于编者的技术和文字水平有限，书中疏漏之处在所难免，恳请读者批评指正。

编　者

2024 年 2 月

目 录

第 1 章　流域概况

1.1　自然地理

1.1.1　地理位置

沂沭泗水系(流域)是沂河、沭河、泗(运)河 3 条水系的总称,位于淮河流域东北部,介于东经 114°45′~120°20′、北纬 33°30′~36°20′,东西方向平均长约 400 km,南北方向平均宽不足 200 km。它北起沂蒙山,东临黄海,西至黄河右堤,南以废黄河与淮河水系为界。流域面积 7.96 万 km²,占淮河流域面积的 29%,包括山东、江苏、河南、安徽 4 省 15 个地(市),共 77 个县(市、区)。

1.1.2　地形、地貌

沂沭泗流域地形大致由北向东南逐渐降低,由低山丘陵逐渐过渡为倾斜冲积平原、滨海平原。区域内地貌可分为中高山区、低山丘陵、岗地和平原四大类。山地丘陵区面积占31%,平原区面积占 67%,湖泊面积占 2%。

平原区主要由黄泛平原、沂沭河冲积平原、滨海沉积平原组成。黄泛平原分布于本区南部,地势高仰,延伸于黄河故道两侧,由于历史上黄河多次决口、改道,微地貌发育,地势起伏、高低相间。沂沭河冲积平原分布于黄泛平原和低山丘陵、岗地之间,由黄河泥沙和沂沭河冲积物填积原来的湖荡形成,地势低平。滨海沉积平原分布在东部沿海一带,由黄河和淮河及其支流挟带的泥沙受海水波浪作用沉积而成,地势低平。平原区近代沉积物甚厚,南四湖湖西平原的第四纪沉积物在 100 m 以上。

北中部的中高山区,是沂河、沭河、泗河的发源地,有海拔 800 m 以上的高山(沂河上游最高峰龟蒙顶海拔达 1 156 m),也有低山丘陵。长期以来,地壳较为稳定或略有上升,地面以剥蚀作用为主,形成广阔、平坦和向东南微微倾斜的山麓面,加之流水侵蚀破坏而支离破碎,形成波状起伏高差不大的丘岗和洼地。

岗地分布在赣榆中部、东海西部、新沂东部、灌云西部陡沟一带和宿迁的东北部及沭阳西部等地。岗地多在低山丘陵的外围,是古夷平面经长期侵蚀、剥蚀,再经流水切割形成的岗谷相间排列的地貌形态,其平面呈波浪起伏状。

山丘区主要是地壳垂直升降运动造成的。根据其断裂褶皱构造在平面上排列形式及延伸方向,沂河以东为新华夏构造区,其河流、山脉及海岸地形曲折与延伸方向均受这一构造体影响;沂河以西为鲁西旋转构造与新华夏构造复合构造区。沂沭河大断裂带是一条延展长、规模大、切割深、时间长的复杂断裂带,纵贯鲁东、鲁西。鲁西南断陷区以近南北和东西向的两组断裂为主,形成近似网格的构造。山区除马陵山为中生代红色砂砾岩和页岩外,其余主要为古老的寒武纪深度变质岩和花岗岩。

1.1.3 土壤、植被

沂沭泗流域北部的沂蒙山区多为粗骨性褐土和粗骨性棕壤,土层薄,水土流失严重。淮北平原的北部主要为黄潮土,质地疏松,肥力较差;平原的中、南部主要为砂姜黑土,其次为黄潮土、棕潮土等。下游的平原水网区为水稻土,土壤肥沃。东部的滨海平原多为滨海盐土。

沂沭泗流域地处我国南北气候过渡带,植被分布由于受气候、地形、土壤等因素的影响,具有明显的过渡性特点。流域北部的植被属暖温带落叶阔叶林与针叶松林混交林;中部低山丘陵区属亚热带落叶阔叶林与常绿阔叶林混交林。据统计,沂蒙山区的森林覆盖率为 12%。栽培植被主要有小麦、玉米、棉花、高粱等旱作物,山东引黄灌区、南四湖湖滨地区、流域南部的中运河及新沂河南北地区都有大面积的水稻种植。

1.1.4 河流水系

沂沭泗水系是沂河、沭河、泗(运)河 3 条水系的总称。流域内有干支流河道 510 余条,其中流域面积超过 500 km² 的河流有 47 条,超过 1 000 km² 的河流有 26 条,河网密布,主要河道相通相联,水系复杂。沂沭泗水系通过中运河、徐洪河和淮沭河与淮河水系沟通。

沂河、沭河和泗河均发源于沂蒙山区。沂河发源于鲁山南麓,往南注入骆马湖,再经新沂河入海;沭河发源于沂山,与沂河平行南下,至大官庄后分为两支,南支老沭河汇入新沂河后入海,东支新沭河经石梁河水库后由临洪口入海;泗河发源于沂蒙山区太平顶西麓,流入南四湖汇湖东、湖西各支流后,由韩庄运河、中运河入骆马湖,再经新沂河入海。沂沭泗水系滨海独流入海主要河流有 14 条,主要有朱稽河、青口河、绣针河、傅疃河、灌河、柴米河、盐河等,总集水面积 13 570 km²。

由南阳湖、独山湖、昭阳湖和微山湖相连而成的南四湖是沂沭泗水系最大的湖泊,集水面积约 3.12 万 km²,总容量为 53.88 亿 m³。南四湖中部建的二级坝枢纽,将南四湖分为上级湖和下级湖。骆马湖除承接南四湖和沂河来水外,还汇集邳苍地区的区间来水。新沂河为人工开挖的河道,沂河、沭河、泗河的洪水除部分通过新沭河入海外,其余都经新沂河入海。在 20 世纪 50 年代,沂河在临沂以下开挖了分沂入沭水道;在分沂入沭口以下,开辟了邳苍分洪道并建江风口分洪闸;沭河在大官庄附近往东开挖了新沭河;从骆马湖往东开挖了入海的新沂河。

沂沭泗河水系主要干支流特征值见表 1-1。

表 1-1 沂沭泗河水系主要干支流特征值

水系	河流	河名	控制站或河段	集水面积/km²	河长/km	河床比降/‰
淮河	沂沭泗河	沂河	临沂	10 315	228	5.60
淮河	沂沭泗河	沂河	刘家道口	10 438	237	5.60
淮河	沂沭泗河	新沂河	沭阳	1 610	43	0.83
淮河	沂沭泗河	新沂河	河口	72 100	146	
淮河	沂沭泗河	沭河	大官庄	4 529	206	4.00
淮河	沂沭泗河	老沭河	新安	5 500	263	2.00
淮河	沂沭泗河	新沭河	大兴镇	458	20	2.40
淮河	沂沭泗河	分沂入沭	大官庄	256	20	
淮河	沂沭泗河	梁济运河	后营	3 225	79	0.23
淮河	沂沭泗河	洙赵新河	入湖口	4 206	141	0.20~2.10
淮河	沂沭泗河	万福河	孙庄	1 199	77	
淮河	沂沭泗河	东鱼河	鱼城	5 998	145	0.94
淮河	沂沭泗河	泗河	书院	1 542	93	5.00
淮河	沂沭泗河	泗河	辛闸	2 361	159	
淮河	沂沭泗河	白马河	九孔桥	1 099	57	
淮河	沂沭泗河	中运河	运河	38 600	68	1.00

1.2 社会经济

1.2.1 行政区划及人口

根据 2016 年统计年鉴,沂沭泗流域包括江苏、山东、河南、安徽 4 省 15 个地(市),共

77 个县(市、区),总人口 6 019 万。流域内市区人口大于 500 万的城市有济宁、菏泽、临沂、徐州和连云港,100 万~500 万的城市有枣庄、日照、宿迁、淮安和盐城,50 万~100 万的城市有泰安、淄博、开封、商丘及宿州等。

1.2.2　工农业(产业)

沂沭泗流域气候温和,土地辽阔,资源丰富,是我国工农业重点发展地区之一。根据 2016 年苏鲁豫皖 4 省有关县(市、区)统计年鉴、政府公开信息等资料汇总统计,流域内生产总值 23 302 亿元,粮食作物播种面积 7 047 万亩(1 亩 =1/15 hm², 全书同),粮食产量 3 121 万 t,是我国商品粮棉基地之一,国家重点投资的商品粮基地县中,沂沭泗流域有铜山、鱼台等 11 个县(市、区)。流域内煤炭资源丰富,主要分布在南四湖滨湖地区,初步探明储量为 65 亿 t。南四湖周边兖州、滕州、济宁、大屯、徐州矿区为国家煤炭生产和建设重点之一。流域内建成多处大型坑口电厂,为华东地区的主要能源基地。

1.2.3　交通运输

沂沭泗流域交通发达。公路、铁路交通网密布,京杭大运河纵贯南北。铁路方面由京沪、陇海、新石、胶新、新长等铁路,构成了覆盖全流域的铁路网络,近年来高速铁路发展迅速,京沪、郑徐、徐连、徐宿淮盐、连淮扬镇、鲁南等高速铁路已建成通车;公路网密集,分布有京沪、京台、长深、同三、连霍、日兰等高速公路;水运发达,连云港、日照港天然深水良港,京杭大运河穿境而过,鲁宁输油管道纵贯南北;此外,流域内还有徐州观音机场、临沂机场、淮安涟水机场、连云港白塔埠机场、济宁曲阜机场、日照山字河机场等航空港。便捷的交通使本区具有货畅其流、人便其游的优势条件,具有很强的辐射作用。

1.3　水文气象

1.3.1　气候概况

沂沭泗流域属暖温带半湿润季风气候区,具有大陆性气候特征。夏热多雨,冬寒干燥,春旱多风,秋旱少雨,冷暖和旱涝较为突出。气候特征介于黄淮之间,而较接近于黄河流域。

(1)气温:流域的多年平均气温 13~16 ℃,由北向南,由沿海向内陆递增,年内最高气温达 43.3 ℃(1955 年 7 月 15 日发生在徐州),最低气温为 -23.3 ℃(1969 年 2 月 6 日发生在徐州)。

(2)霜期:流域南部在 11 月上旬到次年 3 月中旬为霜期,平均一年无霜期为 230 d。流域北部在 10 月下旬到次年 4 月上旬为霜期,平均一年无霜期为 200 d,山区一般为 180~190 d。

(3)蒸发:沂沭泗流域的水面蒸发量南部小,北部大;自南向北,多年平均水面蒸发量为 1 180~1 320 mm。历年最高为 1 755 mm(韩庄闸站),历年最低为 903 mm(响水口站)。

(4)日照:流域年平均日照时间为 2 100~2 400 h,由南向北递增。

(5)风:本流域为季风区,随季节而转移,冬季盛行东北风与西北风。夏季盛行东南风与西南风。年平均风速 2.5~3.0 m/s,最大风速为 23.4 m/s(发生在徐州,6月)。

1.3.2　降水、径流、泥沙和水资源

(1)降水:沂沭泗流域多年平均年降水量为 790 mm(1953~2018 年系列,后同),年际变化较大,最大年降水量为 1 174 mm(2003 年),最小年降水量为 492 mm(1988 年)。降水年内分布不均,多集中在汛期,多年平均春季(3~5月)为 126 mm,占 15.9%;夏季即汛期(6~9月)为 559 mm,占 70.8%;秋季(10~12月)为 75 mm,占 9.5%;冬季(1~2月)为 29 mm,占 3.7%。

(2)径流:流域多年平均径流深 181 mm,年径流系数 0.23。年径流分布与降水分布相似,南大北小,沿海大于内陆,同纬度山区大于平原。沂沭河上中游年径流深 250~300 mm,年径流系数 0.3~0.4;南四湖湖东年径流深 75~250 mm,年径流系数 0.2~0.3,湖西年径流深 50~100 mm,年径流系数 0.1~0.2;中运河及新沂河南北年径流深 200~250 mm,年径流系数 0.2~0.3。

(3)泥沙:沂沭泗上游沂蒙山区植被覆盖差,水土流失严重。据统计,沂河临沂站多年平均含沙量 0.615 kg/m³,多年平均输沙率 58.1 kg/s,多年平均输沙量 183 万 t。沭河莒县站多年平均含沙量 0.984 kg/m³,多年平均输沙率 14.5 kg/s,多年平均输沙量 45.8 万 t(沭河莒县站 1992 年之后含沙量及输沙率已停测)。沭河大官庄(新)站多年平均含沙量 0.572 kg/m³,多年平均输沙率 15.4 kg/s,多年平均输沙量 48.5 万 t。中运河运河站多年平均含沙量 0.126 kg/m³,多年平均输沙率 10.6 kg/s,多年平均输沙量 33.6 万 t。沂沭泗部分控制站泥沙特征见表 1-2。

表 1-2　沂沭泗部分控制站泥沙特征

河名	站名	输沙率/(kg/s)		多年平均输沙量/万 t	含沙量/(kg/m³)		统计年数/年
		多年平均	年平均最大		多年平均	年平均最大	
沂河	葛沟	24.3	265	76.8	0.489	2.74	57
	临沂	58.1	689	183.0	0.615	3.55	59
	堆上	20.6	126	64.9	0.428	1.46	48
沭河	莒县	14.5	119	45.8	0.984	4.36	35(已停测)
	大官庄(新)	15.4	153	48.5	0.572	2.76	57
	新安镇	5.05	65.2	15.9	0.289	1.47	43

续表 1-2

河名	站名	输沙率/(kg/s)		多年平均输沙量/万 t	含沙量/(kg/m³)		统计年数/年
		多年平均	年平均最大		多年平均	年平均最大	
泗河	东风	5.29	34.6	17.3	0.453	1.8	58
新沭河	大兴镇	12.7	111	40.0	0.658	2.92	52
东鱼河	鱼城	13.0	101	41.0	1.150	6.52	47
新沂河	嶂山闸下	6.41	60.3	20.2	0.062	0.208	36
中运河	运河	10.6	57.6	33.6	0.126	0.75	47

(4)水资源:根据 2004 年淮河流域水资源调查评价成果,沂沭泗流域多年平均水资源总量 210.8 亿 m³(1956~2000 年系列,后同),河川径流量 142.6 亿 m³,地下水资源量 72.2 亿 m³。人均地表水资源量 279 m³,亩均地表水资源量 222 m³,仅仅是全国人均地表水资源量(2 108 m³)的 13.2%,全国亩均地表水资源量(1 385 m³)的 16.0%,是我国缺水区之一。南四湖湖西地区年径流量仅 10.7 亿 m³,人均 74.2 m³,亩均 51.5 m³,缺水更为严重。

据水文资料统计,沂河多年平均年径流量 28.2 亿 m³,1963 年径流量最大,达到 64.3 亿 m³,1985 年径流量最小,只有 5.95 亿 m³。沭河多年平均年径流量 15.2 亿 m³,1974 年最大,径流量达 30.7 亿 m³,1989 年最小,只有 3.39 亿 m³。南四湖流域多年平均年径流量 26.3 亿 m³,年际变化很大,1964 年入湖径流量达到 93.1 亿 m³,为多年平均值的 3.15 倍,而 1968 年入湖径流量却只有 3.66 亿 m³,是多年平均值的 12%。地区差异也很大,湖西平原多年平均年径流深 50~100 mm,其余山丘地区多年平均径流深 100~200 mm。

1.3.3 暴雨与洪水

1.3.3.1 暴雨

沂沭泗流域暴雨成因主要是切变线、低涡、低空急流和台风。西南低涡沿着切变线不断东移,经常是造成沂沭泗流域连续暴雨的主要原因。西太平洋副热带高压(简称副高)对沂沭泗流域汛期的降水影响很大,一般 6 月中旬至 7 月上旬副高第一次北跳,雨区从南岭附近移至淮河和长江中下游地区,淮河南部地区进入梅雨季节。由切变线、低空急流等天气系统可造成连续不断的暴雨。淮河的梅雨期一般为 25 d 左右,长的可达一个半月。梅雨期后,随着副高的第二次北跳,沂沭泗流域受副高或大陆高压控制,持续性暴雨减少。但由于大气环流的变化,副高短期的进退,导致沂沭泗流域也经常发生较大范围的暴雨。

台风主要影响沂沭河及南四湖湖东区。暴雨移动方向由西向东较多。降水一般自南向北递减,沿海多于内陆,山地多于平原。沂沭泗流域各时段最大点雨量资料见表 1-3。

1.3.3.2　洪水

沂沭泗流域的洪水多发生在 7~8 月。从洪水组成上说,沂沭泗水系洪水可分沂沭河、南四湖(包括泗河)和邳苍地区(运河水系)三部分。

沂河、沭河发源于沂蒙山,上中游均为山丘区,河道比降大,暴雨出现机会多,是沂沭泗洪水的主要源地。沂河、沭河洪水汇集快,洪峰尖瘦,一次洪水过程仅为 2~3 d,如集水面积 10 315 km² 的沂河临沂站,在上游暴雨后不到半天,就可出现 10 000 m³/s 以上的洪峰流量。

南四湖承纳湖西诸河和湖东泗河等来水,湖西诸支流流经黄泛平原,泄水能力低,洪水过程平缓;湖东诸支流多为山溪性河流,河短流急,洪水随涨随落。由于南四湖出口泄量所限,大洪水时往往湖区周围洪涝并发。南四湖出口至骆马湖之间邳苍地区的北部为山区,洪水涨落快,是沂沭泗河水系洪水的重要来源。

骆马湖汇集沂河、南四湖及邳苍地区 51 400 km² 来水,是沂沭泗洪水重要的调蓄湖泊。新沂河为平原人工河道,比降较缓,沿途又承接沭河等部分来水,因而洪水峰高量大,过程较长。

历史洪水以 1730 年 8 月(清雍正八年六月)洪水为最大,当时暴雨强度大、时间长、范围广,暴雨前期阴雨数十日,后期又发生 5~7 d 的大暴雨,遍及沂河、沭河、泗河水系。经推算,沂河临沂站洪峰流量 30 000~33 000 m³/s,重现期 248~500 年;沭河大官庄洪峰流量 14 000~17 900 m³/s,重现期 248~500 年;南四湖洪水重现期约 272 年,均为历史最大。

沂河临沂站洪水居第二、第三位的分别为 1912 年的 18 900 m³/s 和 1914 年的 17 800 m³/s。沭河大官庄站洪水居第二、第三位的分别为 1974 年的 11 100 m³/s(还原后的洪峰流量)和 1881 年的 6 850~8 000 m³/s。南四湖地区 1953 年后才有较完整的水位资料,调查的 1703 年洪水重现期为 136 年,为历史第二位。

1949 年以后,流域性大洪水年有 1957 年、1963 年、1974 年,其中 1957 年南四湖洪水 7 d、15 d 和 30 d 洪量分别为 66.8 亿 m³、106.3 亿 m³、114 亿 m³,30 d 洪量重现期为 91 年;1957 年沂河临沂站洪峰流量为 15 400 m³/s,重现期近 20 年;1974 年沭河大官庄还原后洪峰流量为 11 100 m³/s,重现期约为 100 年。

沂沭泗水系沂河、沭河主要控制站临沂站、大官庄站洪峰流量的变差系数 C_v 值为 0.85~0.95,最大 7 d、15 d、30 d 洪量的 C_v 值为 0.80~0.85;南四湖、骆马湖最大 7 d、15 d、30 d 洪量的 C_v 值为 0.70~0.80。

沂沭泗流域干支流主要控制站的水文特征值见表 1-4。

表 1-3　沂沭泗流域各时段最大点雨量统计

1 h

河名	站名	雨量/mm	出现时间（年-月-日）
东泇河	卞庄	163.9	1993-08-05
沂河	前城子	155.0	1963-07-24
沿河	栖山	134.0	2018-08-19
响坎河	小尖	125.4	2012-08-10
城河	滕县	124.2	1974-08-01

3 h

河名	站名	雨量/mm	出现时间（年-月-日）
沂河	前城子	310.0	1963-07-24
响坎河	小尖	272.2	2012-08-10
十字河	柴胡店	242.3	1993-08-05
灌河	响水口	235.2	2000-08-30
东泇河	卞庄	232.0	1993-08-05

6 h

河名	站名	雨量/mm	出现时间（年-月-日）
响坎河	小尖	470.2	2012-08-10
灌河	响水口	388.5	2000-08-30
付疃河	日照	348.0	1975-08-14
沭河	莒县	346.3	1962-07-13
沂河	珠庄	332.7	1960-08-17

12 h

河名	站名	雨量/mm	出现时间（年-月-日）
灌河	响水口	591.0	2000-08-30
响坎河	小尖	492.6	2012-08-10
沂河	和庄	445.5	2020-08-13
十字河	柴胡店	383.5	1993-08-04
付疃河	日照	370.8	1975-08-13

24 h

河名	站名	雨量/mm	出现时间（年-月-日）
灌河	响水口	825.0	2000-08-30
响坎河	小尖	493.8	2012-08-10
沂河	和庄	490.0	2020-08-13
沿河	栖山	415.5	2018-08-18
十字河	柴胡店	394.4	1993-08-04

1 d

河名	站名	雨量/mm	出现时间（年-月-日）
灌河	响水口	563.1	2000-08-30
响坎河	小尖	478.8	2012-08-10
运河	峄城	399.6	1958-06-29
南四湖	夏镇	399.2	1971-08-08
沿河	栖山	394.5	2018-08-18

3 d

河名	站名	雨量/mm	出现时间（年-月-日）
灌河	响水口	877.4	2000-08-28
南四湖	夏镇	575.8	1971-08-08
响坎河	小尖	496.4	2012-08-08
沂河	和庄	494.0	2020-08-12
沿河	栖山	456.5	2018-08-17

7 d

河名	站名	雨量/mm	出现时间（年-月-日）
灌河	响水口	1 046.3	2000-08-24
沂河	前城子	676.8	1963-07-18
沂河	蒙阴	606.5	1970-07-19
运河	峄城	592.2	1958-06-29
南四湖	夏镇	585.4	1971-08-08

表 1-4　沂沭泗流域干支流主要控制站的水文特征值

水系	河名	站名	集水面积/km²	多年平均流量/(m³/s)	历史最高水位 水位/m	历史最高水位 出现时间(年-月)	历史最大流量 流量/(m³/s)	历史最大流量 出现时间(年-月)	保证值 水位/m	保证值 流量/(m³/s)	说明
沂沭泗水系	沂河	临沂	10 315	67.2	65.65	1957-07	15 400	1957-07	66.56	16 000	
	分沂入沭	彭道口闸			60.48	1957-07	3 180	1957-07	59.48	2 500	
	邳苍分洪道	江风口闸	10 522		58.56	1957-07	3 380	1957-07	57.66	3 000	
	沂河	堪上	10 522	44.1	35.59	1974-08	7 800	1960-08	35.66	7 000	历史最大为华沂站
	新沭河	大官庄闸(上)		20.3	56.51	1962-07	4 250	1974-08		6 000	
	沭河	人民胜利堰闸(上)	4 529	13.0	54.32	1974-08	2 140	1962-07	52.44	2 500	
	沭河	新安	5 500	16.8	30.94	1950-08	3 320	1974-08	30.88	2 500	
	南四湖	南阳			36.48	1957-07			36.50		
	南四湖	二级湖闸	27 439	49.8			2 110	1978-07			
	南四湖	微山			36.28	1957-08			36.00		历史最高水位为韩庄(微)
	韩庄运河	韩庄闸	31 500	31.4	36.23	1957-08	1 800	1998-08	35.79	4 000	
	中运河	运河	38 224	109	26.42	1974-08	3 840	2021-07	26.50	5 500	
	骆马湖	洋河滩			25.47	1974-08			25.00		原名"杨河滩"
	新沂河	嶂山闸(下)	51 200	87.2	22.98	1974-08	5 760	1974-08			
	中运河	皂河闸(上)		57.7	25.46	1974-08	1 240	1974-08			
	新沂河	沭阳			10.76	1974-08	6 900	1974-08	11.20	7 000	
	中运河	宿迁闸(上)		66.3	24.88	1974-08	1 040	1974-08			

1.4　洪涝灾害

据历史资料记载,元、明两代(1280~1643 年)的 364 年间,沂沭泗水系发生较大水灾 97 次。清代、中华民国(1644~1948 年)的 305 年间,发生水灾 267 次,其中中华民国时期 (1912~1948 年)的 37 年中,有 11 次水灾,较大的水灾有 1912 年、1914 年、1935 年、1937 年、1939 年、1947 年等 6 年。1935 年,黄河在山东鄄城董庄决口,受灾面积 1.22 万 km², 苏、鲁两省 27 县受灾,受灾人口 341 万。

中华人民共和国成立后,据苏、鲁两省有关市、县 36 年(1949~1984 年)统计,多年平均成灾面积 774 万亩,占两省流域耕地面积的 14.2%,成灾面积超过 1 000 万亩以上的年份有 1949 年、1950 年、1951 年、1953 年、1956 年、1957 年、1960 年、1962 年、1963 年、1964 年等 10 年,其中以 1963 年、1957 年最大,成灾面积分别达到 2 985 万亩、2 726 万亩,占两省流域耕地面积的 54.9%和 50.1%。在灾情分布上,20 世纪 50 年代大都分布在沂河、沭河下游区,以 1949~1951 年 3 年最重;20 世纪 60 年代大都分布在南四湖湖西及邳苍地区;1957 年重灾区在邳苍及南四湖地区;1974 年仅沭河地区受灾较重。

1957 年,暴雨集中,量大面广。7 月 6~20 日,15 d 内大于 400 mm 的雨区达 7 390 km²,沂沭河及各支流漫溢决口 7 350 处,受灾 605 万亩,倒房 19 万间。南四湖地区受灾面积 1 850 万亩,倒房 230 万间。

1963 年 7 月、8 月,沂沭泗流域连续阴雨且接连出现大雨、暴雨,造成流域大洪涝。全流域 7 月、8 月两个月的总雨量为历年同期最大,占汛期总雨量的 90%。由于本年暴雨时空分布不一,又因 1958 年以来山区修建了不少水库,虽然发生洪水的洪量很大,但洪峰流量不是最大,对全流域造成的洪涝成灾面积 2 985 万亩(山东 2 010 万亩,江苏 975 万亩), 却是中华人民共和国成立以来最大。

1974 年,洪水发生在沂沭河,主要是沭河。8 月 11~14 日,流域平均雨量 241 mm,大官庄实测最大洪峰流量 5 400 m³/s,经水文计算,若无上游水库拦蓄及上游 68 处决口漫溢,大官庄洪峰流量将为 11 100 m³/s,相当于沭河百年一遇洪水。这次洪水,山东临沂地区受灾 557 万亩,其中绝产 98 万亩,倒塌房屋 21.4 万间。江苏徐州、淮阴、连云港三市受灾面积 417 万亩,倒塌房屋 20.9 万间。

1.5　水利工程

由于历史上黄河长期夺泗夺淮,沂沭泗河下游原有水系被破坏,洪水出路不畅,洪涝灾害频繁发生。从中华人民共和国成立初期开始,苏、鲁两省分别进行了"导沂整沭"和"导沭整沂"工程,拉开了全面治理沂沭泗水系的序幕。此后,经过 50 多年的治理,沂沭泗水系逐步形成了拦、蓄、分、泄相结合的防洪工程体系,在上游兴建水库和塘坝,在中游整治河道、湖泊,兴建控制性水闸,在下游开辟入海通道,抗御洪涝灾害的能力有了明显提高,为推动沂沭泗地区社会经济的发展发挥了重要作用。

沂沭泗流域水利工程体系主要由河道堤防、水库湖泊、滞洪区、控制性枢纽工程、拦河闸坝和南水北调东线调水工程等组成。沂沭泗河流域除南四湖部分工程外,沂沭泗河东调南下续建工程已完成,骨干河道中下游防洪工程体系基本达到50年一遇防洪标准。

1.5.1　河道堤防

沂沭泗流域直管河道长度961 km,堤防长度1 729 km,其中一级堤防长度394 km,二级堤防长度895 km。一级堤防有南四湖湖西大堤、骆马湖二线堤防、新沂河堤防,堤长394 km。二级堤防有沂河祊河口以下堤防、沭河汤河口以下堤防、分沂入沭右堤、新沭河右堤、祊河右堤、邳苍分洪道堤防、南四湖湖东堤、韩庄运河堤防、中运河堤防,堤长895 km。沂沭泗流域一、二级堤防工程现状基本情况见表1-5。

表1-5　沂沭泗流域一、二级堤防工程现状基本情况

编号	堤防名称	范围		堤防长度/km
		起点	迄点	
（一）	一级堤防			393.9
1	南四湖湖西大堤	老运河口	蔺家坝	149.5
2	骆马湖二线堤防	民便河口	井头	36.9
3	新沂河堤防	嶂山闸	入海口	207.5
（二）	二级堤防			895.1
1	沂河祊河口以下堤防	祊河口	骆马湖	235.6
2	沭河汤河口以下堤防	汤河口	新沂河	228.8
3	分沂入沭右堤	彭道口闸	调尾拦河坝	20.0
4	新沭河右堤	新沭河闸	苏鲁省界	15.7
5	祊河右堤	姜庄湖大桥	沂河	20.0
6	邳苍分洪道堤防	江风口闸	中运河	148.6
7	南四湖湖东堤	老运河口	青山	29.5
8	韩庄运河堤防	湖口	苏鲁省界	82.5
9	中运河堤防	苏鲁省界	民便河口	114.4
	合计			1 289

沂沭泗河骨干河道中下游河段的泄洪能力:沂河祊河口—刘家道口—江风口—苗圩为16 000 m³/s~12 000 m³/s~8 000 m³/s;分沂入沭4 000 m³/s;沭河大官庄8 150 m³/s,老沭河2 500~3 000 m³/s,新沭河6 000~6 400 m³/s;韩庄运河、中运河5 000~6 700 m³/s;新沂河沭阳以下7 800 m³/s。入海总泄洪能力14 200 m³/s。

1.5.2 水库湖泊

1.5.2.1 水库

沂沭泗水系建设各类水库 2 000 余座,总库容约 78 亿 m³,其中大型水库 20 座,中型水库 60 座。20 座大型水库控制流域面积约 9 760 km²,总库容 50.24 亿 m³,防洪库容 27.31 亿 m³(不含庄里水库防洪库容);60 座中型水库控制流域面积 4 352 km²,总库容 25.20 亿 m³。

1.5.2.2 大型湖泊

沂沭泗流域大型湖泊有南四湖和骆马湖。

南四湖由南阳湖、邵阳湖、独山湖、微山湖等 4 个水波相连的湖泊组成,承接苏、鲁、皖、豫四省 53 条河流来水,汇集沂蒙山区西部以及湖西平原各支流洪水,湖腰处兴建二级坝水利枢纽将南四湖分隔成上级湖和下级湖。上级湖按 50 年一遇设计,设计洪水位 37.00 m,相应库容 25.32 亿 m³,正常蓄水位 34.50 m,相应库容 10.19 亿 m³;下级湖按 50 年一遇设计,设计洪水位 36.50 m,相应库容 34.80 亿 m³,正常蓄水位 32.50 m,相应库容 8.39 亿 m³。二级坝水利枢纽是分泄南四湖上级湖洪水入下级湖的控制工程,设计总泄洪流量 14 520 m³/s。

骆马湖汇集沂河和中运河来水,设计洪水位 25.00 m,相应库容 14.80 亿 m³,校核洪水位 26.00 m,相应库容 18.0 亿 m³,正常蓄水位 23.00 m,相应库容 8.33 亿 m³。嶂山闸是分泄骆马湖洪水经新沂河入海的控制工程,设计流量 8 000 m³/s,校核流量 10 000 m³/s;宿迁闸是分泄骆马湖洪水入中运河的控制工程,设计流量 600 m³/s。

1.5.2.3 行蓄洪区

沂沭泗水系有南四湖湖东滞洪区和黄墩湖滞洪区 2 处滞洪区,设计蓄滞洪量 14.78 亿 m³。

南四湖湖东滞洪区位于南四湖东堤东侧,地势东北高、西南低,东北部有残山丘陵,中部、南部沿津浦铁路为山前冲积平原,西部临南四湖,为滨湖洼地,由北向南共分三片。其中,上级湖两片,下级湖一片,上级湖白马片(泗河—青山段)和界潮片(界河—城潮河段)设计滞洪水位为 37.00 m。下级湖蒋集片(新薛河—郗山段),设计滞洪水位为 36.50 m。总面积 232.13 km²,滞洪容积 3.68 亿 m³,耕地 27.9 万亩。

黄墩湖滞洪区位于骆马湖西侧,中运河以西,相应面积 230 km²,耕地 17.1 万亩,滞洪水位为 26.00 m 时,水深 5~7 m,有效容积为 11.1 亿 m³,是滞蓄沂沭泗水系骆马湖以上洪水的重要工程。

1.5.3 排涝体系

沂沭泗流域大型和重要排涝工程共有 10 多处,合计装机台数 251 台,装机容量为 9.3 万 kW,设计排涝能力为 920 m³/s,其中大部分还兼有灌溉、调水等效用。沂沭泗流域大型和重要排涝工程基本情况见表 1-6。

表 1-6　沂沭泗流域大型和重要排涝工程基本情况

序号	站名	所在地	所在河流	装机台数	装机容量/kW	流量/(m³/s)	建成年份	说明
1	刘山南站	江苏邳州	不牢河	60	3 300	30	1978	排灌结合
2	民便河站	江苏邳州	不牢河	22	1 100	10	1983	排灌结合
3	刘集	江苏邳州	房亭河	66	3 630	33	1983	排涝
4	郑集	江苏铜山	微山湖	20	4 300	50	1971	排灌结合
5	庄场	江苏新沂	运河	20	1 100	13	1971	排灌结合
6	蒌陵	江苏淮安	废黄河	12	9 600	96	1979	排灌结合
7	蒌陵二站	江苏淮安	废黄河	15	3 900	50		排涝
8	临洪西站	江苏东海	乌龙河	3	9 000	90	1979	排涝
9	临洪东站	江苏连云港	蔷薇河	12	36 000	300	1979	排涝
10	大浦站	江苏连云港	大浦河	6	4 800	40	2002	排涝
11	皂河	江苏宿迁	中运河	2	14 000	195	1985	调水排涝结合
12	泥沟	山东枣庄	胜利渠	13	2 015	13.2	1977	排灌结合
合计				251	92 745	920.2		

注:资料主要来源于《淮河流域水利手册》。

1.6　水文站网

1.6.1　基本站网

　　沂沭河流域最早的水位站——响水口站设立于 1912 年,之后,又有窑湾、滩上、新安等多处水位、雨量站相继设立,但整个中华民国时期流域内水文站稀少,且受时局影响,设立和撤迁变动很大,缺乏科学的布设原则,未能形成较全面的水文站网布局。中华人民共和国成立后,大力兴修水利和进行经济建设,迫切需要水文资料,水文站得到迅速发展,通过几次站网规划调整,逐步建成了能掌握水位、流量、含沙量、降水量、蒸发量等水文要素时空变化的各类水文基本站网。20 世纪 50 年代中期开展径流、泥沙和蒸发试验研究,60年代起又陆续开展地下水和水资源试验,70 年代初针对苏北平原水网区的特点,逐步开展水文巡测。目前,在平原水网区已基本形成点(水文基本站点)、线(水文巡测线)、面(区域代表片)结合的水文站网布局。至 20 世纪 90 年代,沂沭河流域已基本形成空中水、地表水、地下水观测结合,水量、水质结合和点、线、面结合的水文站网总体布局。截至2020 年底,沂沭泗流域现有各种观测站,基本能控制沂沭泗流域水文特性的变化规律,观测的项目齐全,基本满足防汛抗旱的需要。

1.6.2 水文自动测报站网

为准确快速采集水情信息,为防汛调度服务,从 1991 年开始,沂沭泗水利管理局在骆马湖及入湖、出湖的重要控制站先后进行了水文自动测报系统的建设。目前,水文自动测报站网已扩展到沂沭泗流域重要的枢纽控制站,流域内先后兴建了 63 处水位和雨量自动测报站,其中沂沭河水系 38 处、南四湖水系 17 处、骆马湖水系 8 处,流域雨水情监测站网密度大大增加,自动测报站网的建设加快了沂沭泗流域水情信息采集、传输的速度,在沂沭泗流域 2020 年暴雨洪水测报中起到了重要作用。

第 2 章 暴雨分析

2.1 雨 情

2.1.1 概述

2020 年沂沭泗水系降水量 1 018 mm,比常年偏多 28.9%,列 1953 年以来第 5 位。1月,流域降水量异常偏多,超过历史同期 3 倍以上,2 月降水明显偏多,3~4 月降水持续偏少,5~8 月流域降水持续偏多,沂沭泗水系发生了流域性较大洪水,沂沭河发生了 1960年以来最大洪水,9~10 月流域降水偏少,11 月降水转为偏多,12 月再次转为偏少。汛前1~5 月沂沭泗水系偏多 26%。汛期 6~9 月流域降水整体偏多 32.7%。汛后 10~12 月流域降水偏多 9.3%(见表 2-1)。

表 2-1 2020 年沂沭泗水系汛期及各月降水与历史同期比较

月份	1月	2月	3月	4月	5月	6月	7月	8月	9月	10月	11月	12月	汛前	汛期	汛后	全年
降水量/mm	52	30	19	21	72	174	254	297	17	12	63	7	194	742	82	1 018
历史同期/mm	12	17	25	42	58	100	219	163	78	36	26	13	154	559	75	790
距平/%	333.3	76.5	-24	-50	24.1	74	16	82.2	-78.2	-66.7	142.3	-46.2	26	32.7	9.3	28.9

2020 年,沂沭泗流域降水分布总体上呈"东多西少"的特点。上级湖北部等地降水量不足 800 mm,沂沭河中游地区超过 1 200 mm,最大点降水量为沂河葛沟站 1 657 mm(见图 2-1)。与历史同期相比,流域大部分地区降水量偏多,南四湖至沂沭河偏多 25%以上,其中沂沭河中游等地偏多 50%以上;菏泽周边、骆马湖周边偏少 0~25%,局部地区偏少25%以上。

2.1.2 各月降水

2.1.2.1 汛前

1 月,沂沭泗流域降水量偏多 333.3%(较常年同期,后同);2 月流域降水偏多76.5%;3~4 月降水连续偏少,分别偏少 24%和 50%;5 月流域降水再次偏多 24.1%。

1~5 月,沂沭泗流域降水量 194 mm,较常年同期(154 mm)偏多 26%。从空间分布上

图 2-1　2020 年 1 月 1 日至 12 月 31 日沂沭泗流域降水量

来看,流域降水量整体呈现"东部多、西部少"的特点。南四湖下级湖周边、沂沭河中部、新沂河南北等地区降水量 200～300 mm,南四湖上级湖北部、邳苍区间大部、沂沭河上游北部降水量 100～200 mm。降水量最大点为流域南部边缘滨海站(304 mm),见图 2-2。

2.1.2.2　汛期

2020 年 6～8 月,沂沭泗流域降水量较历史同期分别偏多 74%、16%、82.2%,9 月降水量较历史同期偏少 78.2%。

汛期(6～9 月),沂沭泗流域降水量为 742 mm,与历史同期(559 mm)相比偏多32.7%。流域降水总体呈"东部偏多、西部偏少"分布,南四湖北部降水量小于 600 mm,南四湖大部、运河地区降水量 600～800 mm,沂沭河水系大部降水 800 mm 以上,其中沂沭河中游降水 1 000 mm 以上,最大点降水量为滨海地区巨峰河上游巨峰站 1 297 mm(见图 2-3)。与历史同期相比,除南四湖北部降水偏少外,流域其他地区降水均偏多 20%～50%,沂沭河中上游降水偏多 50%以上,其中沂沭河中游偏多 100%以上。

6 月,沂沭泗流域降水量 174 mm,较历史同期(100 mm)偏多 74%。流域降水量空间分布呈"南多北少"的特征。除南四湖上级湖外,流域大部降水量超过 100 mm,其中沂沭河下游及其以南地区超过 200 mm,骆马湖—新沂河局部超过 400 mm,最大点降水量为六塘河高沟站 476 mm(见图 2-4)。与历史同期相比,流域降水量整体偏多。除流域北部外,流域其余大部偏多 50%以上,沂沭泗水系南部偏多超过 100%,其中邳苍区、新沂河地区偏多超过 150%,局地超 200%。

7 月,沂沭泗流域降水量 254 mm,较历史同期(219 mm)偏多 16%。除流域北部外,

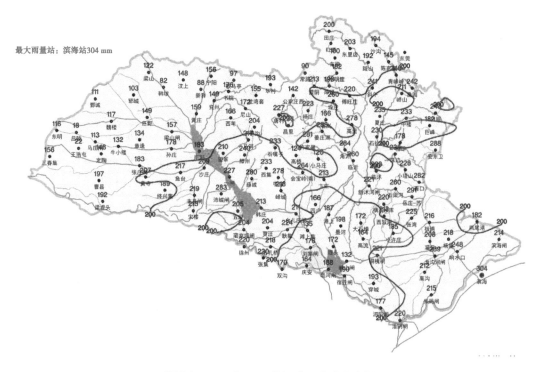

图 2-2　2020 年 1~5 月沂沭泗流域降水量

图 2-3　2020 年 6~9 月沂沭泗流域降水量

流域大部降水量超过 200 mm,最大点降水量为中运河运河站 455 mm。与历史同期相比,

最大雨量站：高沟站476 mm

图 2-4　2020 年 6 月沂沭泗流域降水量

除北部边缘外,流域大部降水量偏多(见图 2-5)。

最大雨量站：运河站455 mm

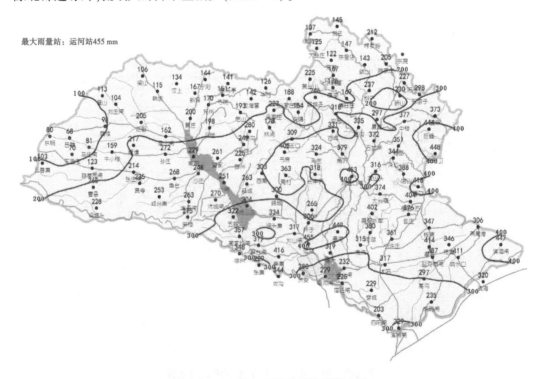

图 2-5　2020 年 7 月沂沭泗流域降水量

8月,沂沭泗流域降水量297 mm,较常年同期(163 mm)偏多82.2%。与常年同期比较,流域内大部分地区降水量偏多50%以上,其中沂沭河中上游偏多150%以上,部分站点偏多200%以上,沭河陡山站偏多401.5%,为偏多最大站点(见图2-6)。

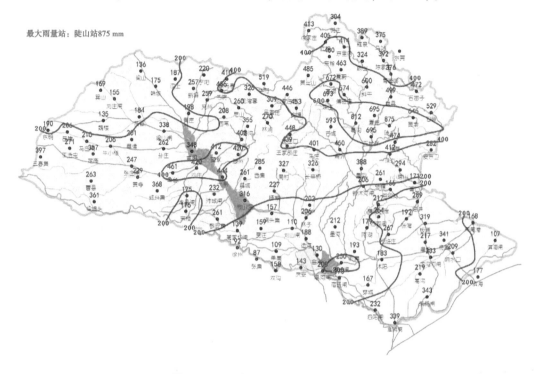

图 2-6　2020 年 8 月沂沭泗流域降水量

8月主要降水过程有3次,分别为5~7日(104.7 mm)、13~14日(52.3 mm)和25~26日(22.8 mm),月度降水极值出现在沂沭河中上游,沂河斜午至葛沟段和沭河莒县至石拉渊段及其支流降水量均超过500 mm,流域内其他地区降水量大多为200~500 mm,南北部边缘少数地区降水量不足200 mm。最大点降水量为陡山站875 mm。

9月,沂沭泗流域降水量17 mm,较历史同期(78 mm)偏少78.2%;流域降水总体上呈"南多北少"分布。南四湖降水量不足25 mm,沂沭河等地降水量25 mm以上,最大点降水量为流域南部边缘滨海站91 mm(见图2-7)。与历史同期相比,流域降水均偏少,其中南四湖、新沂河中游等地偏少80%以上。

2.1.2.3　汛后

10月,沂沭泗流域降水量较历史同期偏少66.7%;11月,流域降水量较历史同期偏多142.3%;12月,流域降水量较历史同期偏少46.2%。

10~12月,沂沭泗流域降水量82 mm,较历史同期(75 mm)偏多9.3%。从空间分布上来看,汛后流域降水总体上仍然呈"南多北少"的分布特点。骆马湖至新沂河降水量不足50 mm,流域其他地区在50 mm以上,最大点降水量为沂河支流蒙河垛庄站141 mm(见图2-8)。

最大雨量站：滨海站91 mm

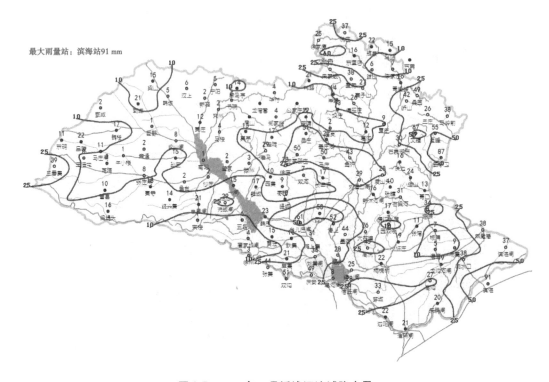

图 2-7　2020 年 9 月沂沭泗流域降水量

最大雨量站：垛庄站141 mm

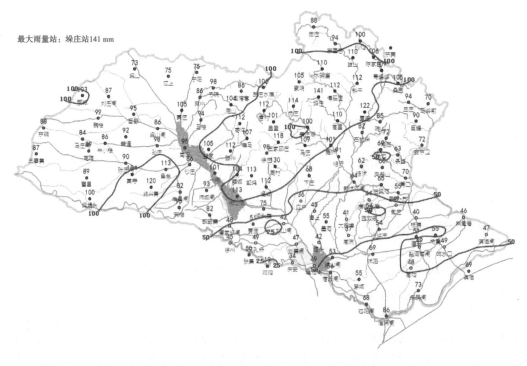

图 2-8　2020 年 10~12 月沂沭泗流域降水量

2.1.3　暴雨特点

2.1.3.1　汛期降水偏多三成,时空分布极不均衡

汛期降水较常年同期偏多三成,列 1953 年以来第 5 位(与 1963 年并列)。6~8 月降水均偏多,其中 8 月降水量 297 mm,列 1953 年以来第 4 位;各分区降水与多年均值相比均偏多,以沭河大官庄以上偏多 59.4% 为最大;流域内单站降水量最大值(日照巨峰水库站,1 297 mm)约为最小值(菏泽郓城站,320.5 mm)的 4 倍。

2.1.3.2　暴雨过程多、降水总量大

受降水过程影响,汛期沂沭泗流域主要河道出现了多次洪水过程。沂河出现了 3 次洪峰流量超过 2 000 m³/s 的洪水过程,其中 1 次超过编号标准 4 000 m³/s;沭河出现了 5 次洪峰流量超过 1 000 m³/s 的洪水过程,其中 2 次超过编号标准 2 000 m³/s。临沂站、大官庄站、运河站径流量分别较常年同期偏多 109.4%、276.4% 和 41.4%。

2.1.3.3　雨区集中,极端性强

8 月 13~14 日,沂沭河中上游大暴雨过程持续 24 h,沂河跋山水库以下到临沂水文站区间降水量 202.5 mm,列有记录资料以来第 1 位;沭河青峰岭水库以下到大官庄水文站区间降水量 286.6 mm,同样列有记录资料以来第 1 位;上述范围内多站降水超历史记录,沂河张家抱虎站 497 mm(调查值)和沂南县和庄站 490 mm(调查值),均为该站有降水资料以来最大值,沂河上游高湖站最大小时降雨强度 84 mm/h、张庄站最大小时降雨强度 79 mm/h,沭河上游夏庄站最大小时降雨强度 75 mm/h,降雨强度之大历史罕见。

2.2　暴雨过程

2020 年汛期,沂沭泗流域日降水量大于 10 mm 的天数为 33 d,超过 25 mm 的天数为 9 d,最大日降水量为 7 月 22 日 84.7 mm。汛期流域共出现 7 次主要降水过程,时间分别为 6 月 11~17 日、7 月 11~12 日、7 月 17~19 日、7 月 21~22 日、8 月 5~7 日、8 月 13~14 日、8 月 25~26 日,汛期沂沭泗流域逐日降水量见图 2-9。

2.2.1　6 月 11~17 日

6 月 11~17 日,受短波槽东移、低涡切变线和低空急流共同影响,沂沭河中上游及南四湖大部地区降水量 25~100 mm,流域南部地区降水量在 100 mm 以上,其中骆马湖周边及新沂河以南地区降水量超过 250 mm。流域过程降水量 106.5 mm,最大降水区间为嶂沭区间 253.6 mm,最大降水量为骆马湖嶂山闸 379 mm(见图 2-10)。

2.2.2　7 月 11~12 日

7 月 11~12 日,受低涡东移及低空急流影响,沂沭泗流域大部地区降水量 50 mm 以上,其中暴雨区主要集中在邳苍区间、运骆地区、沂沭河中下游及其以东等地,降水量超过

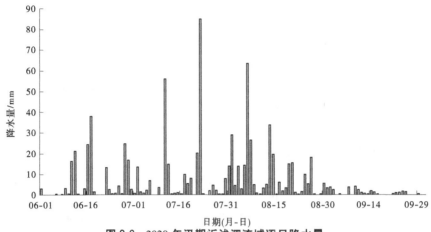

图 2-9　2020 年汛期沂沭泗流域逐日降水量

图 2-10　沂沭泗流域 6 月 11～17 日过程降水量

100 mm。流域过程降水量 71.2 mm,最大降水区间为运骆区间 141.6 mm,最大降水量为老沭河支流墨河上游墨河站 230 m(见图 2-11)。

2.2.3　7 月 17～19 日

7 月 17～19 日,受低涡和副高边缘西南低空急流影响,沂沭泗流域中东部降水量 25 mm 以上,其中沂沭河下游以南新沂河以北地区降水量 50 mm 以上。流域过程降水量 22.9 mm,最大降水区间为运骆区间 67.8 mm,最大降水量为中运河运河站 100 mm(见图 2-12)。

最大雨量站：墨河站230 mm

图 2-11　沂沭泗流域 7 月 11~12 日过程降水量

最大雨量站：运河站100 mm

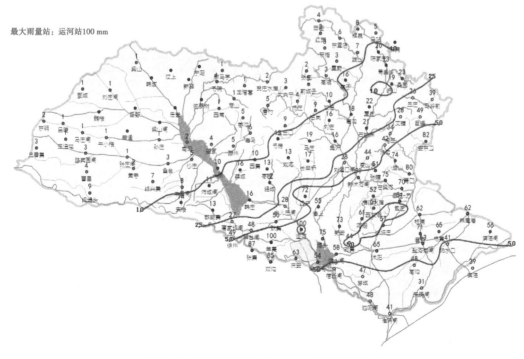

图 2-12　沂沭泗流域 7 月 17~19 日过程降水量

2.2.4　7 月 21~22 日

7 月 21~22 日,副高北抬至江淮地区,雨带随之北抬至淮北至沂沭泗水系。受高空槽、切变线和低空急流共同影响,沂沭泗流域大部地区降水量 100 mm 以上,其中 21 日,下级湖、邳苍及中运河等地降大到暴雨,流域平均降水量 20.5 mm;22 日,降雨强度加大,暴雨区向东、向北扩展,暴雨到大暴雨区覆盖了流域 3/4 的地方,暴雨中心为温凉河书房站 209 mm,流域西北边缘和东南边缘降中到大雨,流域平均雨量 84.7 mm。流域过程降水量 105.2 mm,最大降水区间为运河区间 149.3 mm,最大降水量为祊河支流温凉河上游书房站 229 mm(见图 2-13)。

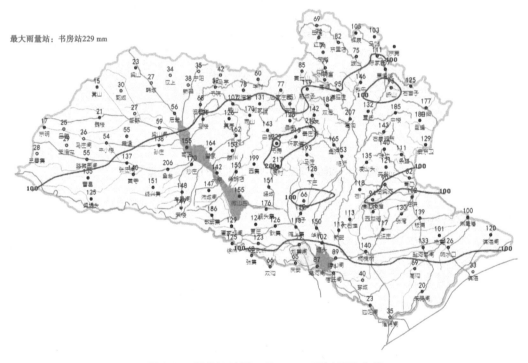

图 2-13　沂沭泗流域 7 月 21~22 日过程降水量

2.2.5　8 月 5~7 日

8 月 5~7 日,受副高减弱南退及西风槽共同影响,流域自北向南降大到暴雨、局地大暴雨到特大暴雨。沂沭泗流域中北部降水量 100 mm 以上,其中南四湖上级湖湖面及周边降水量 200 mm 以上。流域过程降水量 104.7 mm,最大降水区间为南四湖 145 mm,最大降水量为东鱼河鱼台站 314 mm(见图 2-14)。

2.2.6　8 月 13~14 日

2020 年 8 月 13~14 日,受华北南下弱冷空气与副高边缘西南暖湿气流共同影响,沂河、沭河中上游大部地区出现大暴雨到特大暴雨,并造成严重洪涝灾害。13 日 20 时,雨

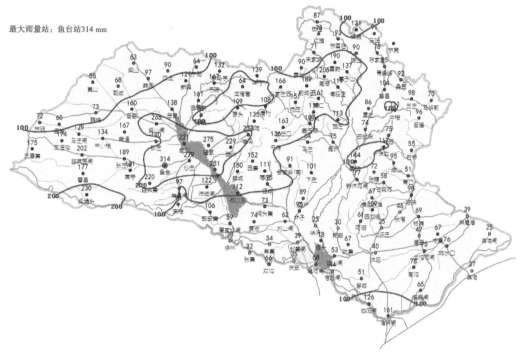

最大雨量站：鱼台站314 mm

图 2-14　沂沭泗流域 8 月 5~7 日过程降水量

带进入沂沭河地区,之后暴雨中心逐步南压,至 14 日 0 时,主雨区位于沂沭河中上游地区,暴雨中心稳定少动,截至 14 日 8 时,沂沭河中上游普降暴雨到大暴雨,局部特大暴雨,暴雨中心为沭河支流浔河陡山水库,至 14 日 17 时,主要降水过程结束,14 日 20 时,流域降水基本结束。

　　流域过程降水量 52.3 mm,其中沂河临沂以上 162.8 mm,沭河大官庄以上 218.1 mm。沂河临沂以上 100 mm 降水量笼罩面积为 7 100 km²,占沂河临沂以上总面积(10 329 km²)的 68.7%,200 mm 降水量笼罩面积为 3 000 km²,占沂河临沂以上总面积的 29.0%;沭河大官庄以上 100 mm 降水量笼罩面积为 3 600 km²,占沭河大官庄以上总面积(4 529 km²)的 79.5%,200 mm 降水量笼罩面积为 2 000 km²,占沭河大官庄以上总面积的 44.1%(见图 2-15)。最大降水量为沂河上游日照市莒县张家抱虎站 497.0 mm(调查值),第二大降水量为沂南县和庄站 490.0 mm(调查值),均为该站有记录资料以来最大值。

2.2.7　8 月 25~26 日

　　8 月 25~26 日,受第 8 号台风"巴威"外围环流和弱冷空气共同影响,流域自北向南降大到暴雨,局地大暴雨,沂沭河以东地区降水量 50 mm 以上。流域过程降水量 22.8 mm,最大降水区间为沭河大官庄以上 64.5 mm,最大降水量为沂河上游斜午站 207 mm(见图 2-16)。

最大雨量站：葛沟站474 mm

图 2-15　沂沭泗流域 8 月 13~14 日过程降水量

最大雨量站：斜午站207 mm

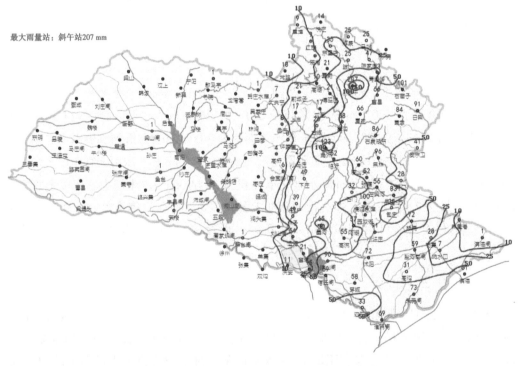

图 2-16　沂沭泗流域 8 月 25~26 日过程降水量

2.3 暴雨重现期

降水重现期是反映降水出现频率的指标。2014 年,淮河水利委员会水文局编制的《淮河流域防汛水情手册》中,分析了淮河流域 27 个分区年最大降水量的频率计算参数,绘制了淮河流域短历时点雨量参数等值线图,本书以此作为分析计算的依据。

为分析 2020 年沂沭泗流域暴雨的重现期,将流域划分为 6 个分区,本书采用《2017 年淮河暴雨洪水》降水频率参数,该书计算了 1954~2016 年最大 1 d、3 d、7 d、15 d 及 30 d 雨量系列,分析了暴雨频率参数,见表 2-2。

根据表 2-2 中 5 个分区的暴雨频率参数,计算得到 2020 年沂沭泗流域各区年最大降水的重现期,见表 2-3。

表 2-2 沂沭泗流域分片暴雨频率参数成果

分区名称	1 d		3 d		7 d		15 d		30 d	
	均值/mm	C_v	均值/mm	C_v	均值/mm	C_v	均值/mm	C_v	均值/mm	C_v
沂沭泗流域	58	0.31	89	0.3	127	0.33	191	0.33	280	0.33
沂河临沂以上	75	0.44	108	0.39	147	0.43	219	0.44	310	0.39
沭河大官庄以上	77	0.46	110	0.4	151	0.38	214	0.37	303	0.36
南四湖区	62	0.36	88	0.36	126	0.41	186	0.41	266	0.34
邳苍区	77	0.31	116	0.31	162	0.31	225	0.31	320	0.33
新沂河区	75	0.37	114	0.37	157	0.32	218	0.31	312	0.34

注:$C_s = 3.5\ C_v$。

表 2-3 沂沭泗流域各区各时段年最大降水重现期成果

分区名称	1 d		3 d		7 d		15 d		30 d	
	雨量/mm	重现期/年	雨量/mm	重现期/年	雨量/mm	重现期/年	雨量/mm	重现期/年	雨量/mm	重现期/年
沂沭泗流域	85	12	105	4	105	2	236	5	392	9
沂河临沂以上	117	9	171	12	216	8	403	19	590	32
沭河大官庄以上	129	12	216	35	244	14	466	96	640	88
南四湖区	101	16	142	15	190	9	236	5	376	9
邳苍区	93	5	142	5	177	3	287	6	440	8
新沂河区	87	4	127	3	188	4	256	4	389	5

由表 2-3 可见,沂河临沂以下、沭河大官庄以上暴雨集中,暴雨重现期差异较大,沂河临沂以上最大 15 d、30 d 暴雨重现期分别为 19 年、32 年,最大 1 d、3 d、7 d 暴雨重现期分别为 9 年、12 年、8 年;沭河大官庄以上最大 15 d、30 d 暴雨重现期分别为 96 年、88 年,最大 1 d、3 d、7 d 暴雨重现期分别为 12 年、35 年、14 年。南四湖区、邳苍区和新沂河区最大 1 d、3 d、7 d、15 d、30 d 暴雨的重现期为 3~16 年。

2.4 暴雨成因

2.4.1 天气形势

2.4.1.1 汛前

1 月,欧亚中高纬环流呈两槽一脊型,低压槽分别位于乌拉尔山和鄂霍次克海地区,贝加尔湖附近的高压脊较弱。东亚大槽的位置较历史同期偏东偏北,且强度偏弱,中高纬环流经向度偏小,不利于引导冷空气南下,冷空气势力较弱且影响偏北,但低纬地区南支槽较为活跃。4~10 日,我国北方先后两股冷空气南下,低纬南支槽偏强,槽前的西南气流有利于暖湿空气向流域输送,暖湿气流与南下冷空气相互作用,流域产生大到暴雨降水。24~27 日,受扩散南下冷空气和南支槽前偏南暖湿气流影响,流域沿淮及以南地区形成中到大雨降水。

2 月,欧亚中高纬环流呈两槽一脊型,低压槽分别位于欧洲中部和东亚地区,高压脊位于贝加尔湖西侧,影响我国的冷空气整体偏弱,冷空气活动次数较历史同期偏少。月中,巴尔喀什湖附近低槽快速东移,逐渐加深发展为闭合低压,低压后部冷空气南下,并且低纬地区有南支槽东移配合,淮河流域出现中到大雨降水。下旬,环流形势调整,我国处于高压脊前,冷空气活动增多,同时南支槽活跃,西南暖湿气流向我国南方地区输送,受其影响,流域多阴雨天气。

3 月,欧亚中高纬环流乌拉尔山地区为宽广的高压脊,亚洲东部为低压槽。上中旬中高纬环流较平直,冷空气多从东路渗透南下,路径偏东,对我国影响较弱。下旬,我国中东部受高压脊影响,西风带有低槽东移并发展加深,同时南支槽东移,副高加强北抬,暖湿气流强盛,我国南方地区能量条件和水汽条件十分有利于降水,配合低层切变线影响,流域出现持续性降水过程,并发生局地冰雹天气。

4 月,欧亚大陆中高纬环流乌拉尔山至巴尔喀什湖为高压脊,亚洲东部为低压槽,环流经向度较大,影响我国的冷空气活跃,且路径偏东,冬季风偏强。低纬地区南支槽不活跃,副高北界维持在 20°N 左右,雨带主要位于华南地区,流域降水显著偏少,出现了一定程度的气象干旱。

5 月,欧亚大陆中高纬环流为两槽一脊型,乌拉尔山至贝加尔湖为高压脊,我国东北地区为低压槽,环流较为平直,冷空气势力总体不强,副高偏北,北界位于 25°N 左右,上旬西风带一次短波槽东移过程导致江淮气旋生成发展,受其影响,流域出现一次小到中雨的降水过程。下半月,环流经向度加大,东亚槽加深,低纬地区南海夏季风爆发,冷空气较为活跃,造成我国南方地区多轮强降水过程。

2.4.1.2　汛期

2020 年 6~9 月,除 6 月下旬、7 月上旬、7 月下旬、8 月下旬副高脊线阶段性偏南外,副高总体偏强偏北,冷空气活动频繁,造成流域入梅偏早、出梅偏晚、梅雨期长,流域汛期降水过程多,降水量偏多。汛期,西太平洋和南海共有 12 个台风生成,生成数较历史同期(17 个)明显偏少,有 1 个台风(9 号台风"美莎克")影响流域,降水强度较弱。

6 月,欧亚地区中高纬环流呈两槽一脊型,贝加尔湖附近为高压脊,巴尔喀什湖和亚洲东部分别为低压槽,环流经向度较大,副高偏强,位置偏西偏北,有利于流域降水。上旬中高纬环流较为平直,冷空气势力不强,流域处新疆东部高压脊前西北气流中,天气晴好。上旬末,副高逐步增强北抬,受副高边缘西南暖湿气流及北方南下冷空气共同影响,淮河中上游出现大到暴雨。中旬副高脊线位置南北摆动,高空辐散区位于江南至江淮一带,西南暖湿气流强盛,同时北方冷空气频繁南下,冷暖气团在流域交汇,形成持续性暴雨过程。下旬,贝加尔湖阻塞高压建立,巴尔喀什湖附近低槽加深,环流经向度进一步加大,北方频繁南下的冷空气,与副高外围的暖湿气流配合,流域在 20~23 日、27~28 日再次出现暴雨降水过程。

7 月上旬,我国北方地区环流总体呈西高东低形势,贝加尔湖西侧为高压脊,我国东北地区为低压槽,副高减弱南退,脊线位于 20°N 附近,且位置相对比较稳定,我国中东部雨带位于长江中下游地区,流域处于降水间歇期。中旬,贝加尔湖至河套地区为低槽控制,我国华北、四川盆地东部均有短波槽活动,副高再次增强北抬,受短波槽东移及西南暖湿气流影响,流域淮南山区分别于 10~12 日、14~19 日出现大暴雨过程。下旬初,副高北抬控制淮河以南地区,受低空急流及黄淮气旋东移影响,流域中北部再次出现暴雨到大暴雨。此后,副高有所减弱南退,流域处副高边缘,受高空槽东移影响,24 日、26 日、30~31 日流域再次出现局部地区大到暴雨。

8 月初,副高增强并控制流域,流域转晴热天气,淮河出梅。上旬,巴尔喀什湖附近为高压脊,贝加尔湖及我国东北为低槽区,华北东北地区多弱冷空气活动,5~9 日副高逐步减弱南退,流域自北向南出现大到暴雨降水。中旬初,贝加尔湖附近调整为高压脊,副高再次增强北抬并控制流域大部,13~14 日,副高边缘中小尺度对流云团不断发展,造成沂沭河中上游出现大暴雨到特大暴雨。18~19 日,受河套西风槽东移及副高边缘西南暖湿气流共同影响,流域自西向东出现大到暴雨。下旬,副高减弱东退,流域无明显降水。

9 月上旬,欧亚中高纬环流呈现两槽两脊型,高压脊分别位于乌拉尔山和贝加尔湖附近,巴尔喀什湖和我国东北分别为低槽控制,副高位于日本岛以东洋面,第 9 号台风"美莎克"沿副高西侧引导气流远海北上,受台风外围环流影响,1~2 日流域中东部出现中等阵雨。中旬,副高增强西伸,控制我国长江以南地区,我国雨带主要位于江南地区。下旬,副高再次东退,流域处新疆高压脊前偏西气流中,晴天日数多,无明显降水过程。

2.4.1.3 汛后

10月,欧亚大陆中高纬环流呈两槽两脊型,低槽分别位于亚洲东部和巴尔喀什湖附近,冷空气活动较为频繁,副高呈东西向带状分布,脊线平均位置23°N左右。上旬,乌拉尔山西侧存在阻塞高压,乌拉尔山以东环流平直,冷空气活动较弱,月初高原东部分裂东传的短波槽结合副高西侧输送的暖湿气流,给流域带来一次中到大雨降水过程。中旬,阻塞高压崩溃,欧亚大陆中高纬环流调整为西高东低形势,我国东北受低压槽控制,旬初有冷空气南下影响流域,带来小到中雨降水。下旬,我国北方受高压脊控制,副高南退控制华南地区,流域主要受高压脊前西北气流影响,天气晴好。

11月上半月欧亚大陆中高纬环流呈两槽一脊型,巴尔喀什湖以东至贝加尔湖为高压脊,环流经向度不大,冷空气影响较弱,流域主要受偏西气流影响,天气晴好。下半月,环流形势调整为西低东高形势,巴尔喀什湖至贝加尔湖北部形成深厚低槽,贝加尔湖以东至我国东北为高压脊,低槽分裂的冷空气经高原东部南下,中低层西南气流较强,17~18日流域上空形成低涡切变线,受其影响,流域淮河以北出现大到暴雨降水。下旬,受巴尔喀什湖低槽分裂东移的弱冷空气影响,流域多次出现阴雨天气。

12月,欧亚大陆中高纬环流呈西高东低形势,巴尔喀什湖至贝加尔湖为高压脊,亚洲东部为低槽区,中纬度盛行纬向环流,南支槽不活跃,强度偏弱,流域主要受西北气流影响,降水偏少。

2.4.2 暴雨过程的天气成因

2.4.2.1 6月11~17日

此次降水过程主要由短波槽、低涡切变线和低空急流造成。6月初,欧亚大陆中高纬环流呈两脊一槽型,乌拉尔山附近受高压控制,俄罗斯远东地区为弱高压脊,巴尔喀什湖至贝加尔湖附近为低压槽区。低槽分裂冷空气从新疆进入我国,沿青藏高原东部南下。11日副高北抬,脊线位于22°N~23°N,副高控制福建、广东沿海,2020年第2号台风"鹦鹉"在菲律宾中部生成,生成后向广东西部沿海靠近。青藏高原东部再次有短波槽东移,中低层西南气流增强,11~12日流域自北向南出现大到暴雨降水。13~14日,副高增强西伸,控制我国长江以南地区,中低层切变线维持在江淮之间,流域淮河以南地区出现中到大雨,大别山区降了暴雨。14日9时台风"鹦鹉"登陆广东阳江沿海,下午深入广西境内后减弱消散。15日,巴尔喀什湖至贝加尔湖为低槽区,我国华北地区受高压脊控制,850 hPa上切变线从四川东部延伸至长江下游,受其影响,淮河以南地区降了中到大雨。16日8时,河套西部有短波槽东移,副高稳定控制我国江南地区,四川东部形成低涡,低涡前部的切变线一直延伸至苏皖北部,西南气流迅速增强,从南海向江淮地区输送,流域降水开始增强,夜间切变线北抬至淮河北部,17日8时河南东部形成低涡,低空急流向北推进,急流出口区位于淮河中下游一线,流域普降大到暴雨,流域中部出现大暴雨。18日,华北低槽发展加深,中低层低涡切变线逐渐东移南压,雨带移至长江中下游,流域范围内降水趋于结束。

2.4.2.2　7 月 11~12 日

此次降水过程主要由高空槽、低涡切变线和低空急流造成。降水期间,500 hPa 上欧亚大陆中高纬环流呈两脊一槽型,乌拉尔山和东西伯利亚地区为高压脊,巴尔喀什湖至贝加尔湖之间为低槽区。7 月 11 日,副高逐步增强北抬至沿江,西南气流迅速增强,从华南西部指向安徽北部,切变线北抬至苏皖北部。12 日 8 时,850 hPa 上在南四湖附近形成低涡,前部暖切变线位于沂沭河一线,后部冷切变线位于山东南部至湖北北部一线,西南气流进一步增强,输送到苏皖北部,急流轴上最大风速达 22 m/s,流域普降大到暴雨,局部出现大暴雨。13 日 8 时,高空槽东移入海,低涡随之东移,其后部切变线南压至沿江,流域受西北气流控制,降水结束。

2.4.2.3　7 月 17~19 日

此次降水过程主要由低涡和副高边缘西南低空急流造成。降水期间,欧亚大陆中高纬度稳定维持两脊一槽型,乌拉尔山和东西伯利亚地区为高压脊,巴尔喀什湖至贝加尔湖为低压槽区,冷空气不断从蒙古地区南下。17~18 日,副高控制东南沿海,500 hPa 高度场上河套地区再次有高空槽东移,低层切变线北抬并稳定在淮河北部,同时低空急流进一步增强,受冷暖空气共同影响,沿淮上中游有大到暴雨。18 日 20 时,切变线南压至淮河以南,流域淮河以南地区降暴雨到大暴雨。19~20 日低槽缓慢东移入海,切变线南压至长江以南,流域转受槽后西北气流控制,降水过程结束。

2.4.2.4　7 月 21~22 日

此次降水过程主要由高空槽、切变线和低空急流造成。降水过程期间,欧亚大陆中高纬度维持两脊一槽型,乌拉尔山和东西伯利亚地区为高压脊,巴尔喀什湖至贝加尔湖附近为低槽区。7 月 21 日 8 时,河套地区西南部有高空槽东移,副高北抬控制长江以南地区,北界位于江淮地区。低层 850 hPa 上切变线呈西南—东北向,位于四川盆地东部至山东南部一线,西南低空急流建立。22 日 8 时,西南气流加强,急流轴上最大风速达 20 m/s,充沛的水汽和能量输送至苏皖北部,冷暖空气剧烈交汇于淮北至沂沭泗地区,给当地带来暴雨到大暴雨的降水。23 日,西风槽发展加深并东移入海,流域转受槽后西北气流控制,降水过程结束。

2.4.2.5　8 月 5~7 日

此次降水过程主要由高空槽、切变线和低空急流造成。8 月上旬亚洲中高纬多阻塞高压活动,乌拉尔山以东至贝加尔湖北部为面积巨大的阻塞高压盘踞,中纬度西风带蒙古国中部有冷涡活动,华北地区和东北地区多弱冷空气活动。8 月 5 日,蒙古冷涡东移减弱后,贝加尔湖西部有新的冷涡生成并东移,冷空气沿西风带南下,副高强盛控制流域大部,流域北部处副高边缘,为冷暖空气交汇中心,沂沭泗水系上空形成东西向切变线,配合中低层西南急流,给流域北部带来大暴雨。6~7 日,副高逐渐南退,雨带随之南压,流域自北向南出现大到暴雨降水,此后西南暖湿气流减弱,副高退至海上,流域降水减弱。

2.4.2.6　8 月 13~14 日

此次降水过程主要由冷涡、切变线和低空急流造成。8 月 13 日 8 时,贝加尔湖北部为阻塞高压维持,贝加尔湖东南部为冷涡,副高强大,588 线北界位于流域北部边缘,西脊点位于 108°E,副高在我国东北伸出高压脊,其阻挡作用使冷涡东移缓慢。低层切变线呈东北—西南向位于华北南部,低空急流建立,将南海的水汽和能量向山东半岛和辽东半岛附近输送。13 日 20 时,华北南部的切变线逐渐南压,雨带随之进入沂沭河地区。14 日 8 时,切变线位于沂沭泗水系北部保持稳定,沂沭河地区始终处于 850 hPa 切变线与急流轴之间,成为强降水中心。西南低空急流稳定维持,流域范围内湿度条件接近饱和,水汽条件充沛。冷涡底部的干冷空气与副高边缘的暖湿气流相遇,高层干冷空气叠加在低层暖湿空气上,有利于位势不稳定层结的建立,形成强对流。沂沭河上空云团出现顺时针偏转,高空为典型的辐散流场,有利于低空产生对水汽的抽吸作用。沂沭河附近低山丘陵地形的叠加作用,使得局地小尺度对流进一步加强,副高位置稳定导致系统贴着 588 线北侧边缘缓慢移动,西侧新生对流不断发展东移补充和替代原先对流,形成"列车效应",小尺度对流云团反复经过沂沭河地区,导致持续性强降水。直到 14 日 20 时,切变线位置仍然稳定不动,但西南暖湿气流减弱,降雨强度也随之减弱。15 日凌晨,副高增强北抬,切变线北抬到华北南部,雨带逐渐移出流域。

2.4.2.7　8 月 25~26 日

此次暴雨过程是台风外围环流和高空槽共同作用造成。暴雨期间亚洲中高纬环流呈两槽一脊型,贝加尔湖北部为阻塞高压占据,巴尔喀什湖北部和俄罗斯远东分别为低压槽。西太平洋副高控制日本岛及其以东洋面,我国西部为大陆高压控制。巴尔喀什湖低槽分裂冷空气经河套北部东移南下,路径略偏北。2020 年第 8 号强台风"巴威"沿我国华东东部海面北上,移速较慢,8 月 25 日 20 时台风中心位于上海东部 300 km 海面,沂沭河流域受台风外围环流影响开始出现降水。西风带低槽东移受副高阻挡,高层弱冷空气滞留在黄淮地区,与台风外围环流相结合,给沂沭河流域带来大到暴雨降水。27 日 8 时,台风加速北上,雨区北移,沂沭河流域降水过程结束。

2.5　与历史暴雨比较

根据沂沭泗流域多年暴雨分析,流域天气变化剧烈,主要的暴雨特征表现为:暴雨集中,旱涝交替,如 1957 年、1974 年和 1993 年。2020 年的降水特征是:降水总量大、历史时间长、降雨强度大、空间分布不均匀,与 1974 年类似。

本节就 2020 年的暴雨洪水过程分别与 1957 年、1974 年、1993 年和 2012 年作分析比较。

2.5.1　暴雨成因

造成 1957 年、1974 年、1993 年、2012 年和 2020 年沂沭泗暴雨的天气影响系统基本相同,都是中高纬度西风带系统和副热带系统相互作用的产物。西风带主要的影响系统是西风槽、低涡,副热带系统是西太平洋副热带高压。中低层低空急流对暖湿空气的输送及切变线是暴雨形成的重要条件。由于各年所处的气候背景、大气环流形势的差异和天气影响系统的强弱不一,暴雨发生的时间、范围、强度也不相同。

2.5.1.1　1957 年暴雨分析

1957 年暴雨主要出现在 7 月,西太平洋副热带高压脊线位置比常年略偏北,副高西北侧的暖湿气流与中高纬度的南下的冷空气交汇于流域北部,7 月 6 日、10 日、12~15 日分别有高空冷涡东移,相应低层有低涡切变线和低空急流与高空冷涡配合,造成沂沭泗流域出现 3 次大范围大暴雨降水过程;其中 7 月 6~26 日的 21 d 内,沂沭河上中游及南四湖大部地区累计降水量达 500~600 mm。

2.5.1.2　1974 年暴雨分析

1974 年 8 月中旬初,中高纬度为两槽一脊型,贝加尔湖为高压脊区,我国东北为低压槽区,槽区底部分裂南下的冷空气经华北南下侵入流域北部,副高稳定控制流域中南部地区,冷暖气流交汇于流域北部,流域北部多中等阵雨降水。

1974 年第 12 号台风"Lucy"于 8 月 8 日 8 时在我国南海 118.6°E、15°N 洋面上生成,并向北移动,8 月 11 日 20 时在福建惠安登陆,受登陆后台风外围环流影响,沂沭河中下游出现大到暴雨,局地大暴雨。8 月 12 日 8 时,台风移至江西境内,强度减弱为热带低压,形成的低压倒槽与东北冷涡南下冷空气交汇于沂沭河下游,造成沂沭河中下游出现100 mm 以上降水,邳苍地区出现 200 mm、局地 300 mm 以上降水。13 日 14 时热带低压移至安徽蚌埠市境内减弱为低压,低压倒槽与冷空气交汇中心北移,暴雨中心移至沂沭河上游,造成沂沭河中上游出现 100 mm、局部地区 200 mm 以上降水。

2.5.1.3　1993 年暴雨分析

1993 年 6 月,副高偏弱偏南,副高脊线南北摆动大,造成淮河流域入梅偏晚,梅雨量偏少。7 月中旬初,前期偏弱的副高增强北抬,9 日起副高脊线稳定在 27°N,中高纬贝加尔湖到我国东北西部为冷槽区,冷槽分裂的冷空气东移南下侵入沂沭泗地区,与副高边缘的西南气流交汇,且 850 hPa 有低空急流生成,源源不断的西南暖湿气流输送到流域北部,造成 7 月 9 日、11~12 日、15 日沂沭河中上游出现 3 次暴雨、局地大暴雨。16 日,副高减弱南退,沂沭泗流域的强降水过程结束。

7 月 31 日,副高再次西伸北抬,8 月 2 日 8 时副高脊线北抬至 27°N 附近,受副高西伸北抬影响,副高外围的西南暖湿气流加强向北扩展,3 日 20 时低层形成低空急流,顶部伸到沂沭泗流域,流域中北部处在较强的辐合区,36°N 有一条暖切变线生成,8 月 4 日,有低涡沿切变线东移入沂沭泗西部,相应地面黄淮气旋发展东移,受其影响,南四湖中北部和沂沭河中上游出现 100 mm 以上降水,其中沂沭河中上游部分地区在 200 mm 以上。5日,随着低涡的缓慢东移,暴雨区随低涡逐步东移,沂沭河区及苏北地区出现 100 mm 以上大暴雨。

2.5.1.4 2012 年暴雨分析

2012 年 7 月 7~9 日,淮河流域处于梅雨期间,大尺度环流形势相对稳定,贝加尔湖低槽不断分裂出冷空气东移南下,影响淮河流域。副高脊线维持在 25°N~26°N,十分有利于流域北部产生降水。西南暖湿气流将低纬的水汽和能量源源不断地向沂沭河地区输送,冷暖空气持续交汇,7 月 7~9 日,沂沭河地区发生持续性暴雨过程。

7 月 22~23 日,华北地区缓慢东移的西风槽,同时台风外围、副高南侧形成东南急流,将太平洋的水汽和能量不断地向流域东北部以及东北地区输送,沂沭河地区处于低槽前部以及副高外围西北侧,冷暖空气交汇造成沂沭河地区再次发生暴雨过程。

2.5.1.5 2020 年暴雨分析

2020 年 6~9 月,除 6 月下旬、7 月上旬、7 月下旬、8 月下旬副高脊线阶段性偏南外,副高总体偏强偏北,冷空气活动频繁,造成淮河流域入梅偏早、出梅偏晚、梅雨期长,汛期降水过程多,降水量偏多。

2020 年暴雨主要出现在 7 月和 8 月。7 月中旬,贝加尔湖至河套地区为低槽控制,我国华北、四川盆地东部均有短波槽活动,副高再次增强北抬,受短波槽东移及西南暖湿气流影响,流域分别于 11~12 日、17~19 日出现暴雨过程。7 月下旬初,副高北抬至江淮地区,受低空急流及黄淮气旋东移影响,雨带随之北抬至淮北至沂沭泗水系,流域大部分地区出现暴雨到大暴雨。

8 月初,副高增强并控制流域,流域转晴热天气,淮河出梅。上旬,巴尔喀什湖附近为高压脊,贝加尔湖及我国东北为低槽区,华北地区和东北地区多弱冷空气活动,5~7 日副高逐步减弱南退,流域自北向南出现大到暴雨。中旬初,贝加尔湖附近调整为高压脊,副高再次增强北抬并控制流域大部,13~14 日,副高边缘中小尺度对流云团不断发展,形成"列车效应",小尺度对流云团反复经过沂沭河地区,导致沂沭河中上游持续性强降水。25~26 日,第 8 号强台风"巴威"沿我国华东东部海面北上,移速较慢,西风带低槽东移受副高阻挡,高层弱冷空气滞留在黄淮地区,与台风外围环流相结合,沂沭河水系出现大到暴雨。

2.5.2 降水量比较

2.5.2.1 汛期降水量比较

2020 年,沂沭泗流域年降水量 1 018 mm,而 1957 年、1974 年、1993 年和 2012 年年降水量分别为 958 mm、1 039 mm、873 mm 和 714 mm,比较可见,2020 年年降水量分别大于 1957 年、1993 年和 2012 年,小于 1974 年,列 1953 年以来第 5 位。

2020 年汛期降水量 742 mm,1957 年、1974 年、1993 年和 2012 年同期降水量分别为 712 mm、706 mm、563 mm 和 540 mm,比较可见,2020 年汛期降水量大于 1957 年、1974 年、1993 年和 2012 年,列 1953 年以来第 5 位。沂沭泗流域较大降水量年各月降水量统计见表 2-4。

表 2-4　沂沭泗流域较大降水量年各月降水量统计　　　单位:mm

年份	1 月	2 月	3 月	4 月	5 月	6 月	7 月	8 月	9 月	10 月	11 月	12 月	汛期	全年
1957	49	17	8	59	39	100	523	87	2	22	30	22	712	958
1974	3	17	38	76	84	50	294	302	60	42	19	54	706	1 039
1993	23	30	7	28	67	90	211	220	42	39	114	2	563	873
2012	1	6	37	34	6	32	249	163	96	10	38	42	540	714
2020	52	30	19	21	72	174	254	297	17	12	63	7	742	1 018
多年平均 (1953~2018 年)	12	17	25	42	58	100	219	163	78	36	26	13	559	790
历年最大 (1953~2020 年)	52	52	89	149	151	311	523	343	257	122	119	54	868	1 174
历年最大 发生年份	2001/ 2020	1976	1998	1964	1963	1971	1957	1998	2005	2016	2015	1974	2005	2003

2.5.2.2　降水时空分布比较

1. 1957 年

1957 年,暴雨主要出现在 7 月,降水在时间分布上特别集中。7 月 6~26 日,沂沭泗流域发生了 7 次连续性暴雨,每次暴雨的中心都在山东境内的南四湖东西两侧及沂、沭河中游地区,以 7 月 10 日、12~13 日、17~19 日三次为最大,最大 7 d 雨量 300 mm 以上覆盖范围为 2.65 万 km²,占沂沭泗流域的 33.3%,雨带大体上呈东西向分布。7 月 6~26 日的 21 d 内,沂沭河上中游地区累计雨量为 500~600 mm,局部 800 mm,暴雨中心角沂站达 874 mm。

2. 1974 年

1974 年,暴雨主要集中在 7 月和 8 月,降水在时间分布上比较集中。8 月 10~14 日,受 7412 号台风倒槽和冷空气结合的影响,从洪泽湖向北到沂沭河流域出现南北向大片雨区。暴雨中心沭河蒲汪站次雨量达 475.7 mm。次雨量大于 200 mm 的雨区集中在沂沭河宽约 100 km 的范围内,大于 300 mm 的雨区笼罩面积为 1.77 万 km²。

3. 1993 年

1993 年,暴雨主要集中在 7 月和 8 月,7 月 9~15 日,受副高北抬西伸及西南暖湿气流共同影响,沂沭泗流域出现了多次大到暴雨,局地大暴雨天气雨区中心多在南四湖上级湖,菏泽地区 7 d 平均降水量为 211.8 mm,最大点雨量为巨野薛扶集站 628 mm。

8 月 4~5 日,特大暴雨的主要影响来自低涡切变线发展成的气旋波云系。沂沭泗流域平均降水量 144 mm,其中沂河中游降大到暴雨,临沂以上面平均雨量达 150 mm,主要降水集中在 4 日 20 时至 5 日 8 时的 12 h 之内,暴雨中心出现在费县、沂南、临沂三县(市)范围内,暴雨中心费县刘庄水库站降水量最大,为 380 mm。

4.2012 年

2012 年,暴雨主要集中在 7 月和 8 月,降水在时间分布上比较集中。7 月 7~9 日,降水主要集中在沂河中游、祊河以及新沭河等地,临沂、连云港城区分别为此次降水的两个暴雨中心,大于 200 mm 的雨区面积 1.73 万 km²,大于 300 mm 的雨区面积为 0.57 万 km²。由于降水集中,强降水造成临沂、连云港城区出现严重积水内涝,强降水也使沂河形成了一次中等洪水。

5.2020 年

2020 年,暴雨主要集中在 7 月和 8 月,降水在时间分布上比较集中。8 月 13~14 日,沂沭河出现强降水过程。8 月 13 日,沂沭河中上游普降暴雨到大暴雨,局部地区特大暴雨,暴雨中心为沭河支流浔河陡山水库 303 mm,8 月 14 日,降雨强度稍有减弱,沂沭河中上游、南四湖泗河降暴雨到大暴雨,局部地区特大暴雨,暴雨中心为沭河夏庄站 270 mm。

8 月 13~14 日,流域累计降水量 52.3 mm,其中沂河临沂以上 100 mm 降水量笼罩面积为 0.71 万 km²,200 mm 降水量笼罩面积为 0.3 万 km²;沭河大官庄以上 100 mm 降水量笼罩面积为 0.36 万 km²,200 mm 降水量笼罩面积为 0.2 万 km²。最大点雨量沭河上游张家抱虎站 497 mm(调查值)。

2.5.2.3 暴雨强度比较

2020 年 8 月 13~14 日的暴雨过程,最大 24 h 雨量为 490.0 mm(8 月 13 日沂河和庄站),1974 年为 333.6 mm(8 月 12 日骆马湖北埝头站),1993 年为 394.1 mm(8 月 4 日沂河刘庄站),2012 年为 267.0 mm(7 月 9 日沂河马庄站),2020 年均大于 1957 年、1974 年、1993 年和 2012 年。

2020 年最大 1 d 雨量为 376.5 mm(8 月 13 日沂河和庄站),1957 年为 257.6 mm(7 月 12 日祊河角沂站),1957 年、1974 年为 333.6 mm(8 月 12 日骆马湖北埝头站),1993 年为 372.4 mm(8 月 4 日沂河刘庄站),2012 年为 267.0 mm(7 月 9 日沂河马庄站),2020 年均大于 1974 年、1993 年和 2012 年。

2020 年最大 3 d 雨量为 497.0 mm(8 月 12 日沭河张家抱虎站),1957 年为 411.5 mm(7 月 10 日祊河角沂站),1974 年为 435.6 mm(8 月 11 日沭河蒲汪站),1993 年为 396.6 mm(8 月 3 日沂河刘庄站),2012 年为 414.5 mm(7 月 7 日沂河马庄站),2020 年均大于 1957 年、1974 年、1993 年和 2012 年。

沂沭泗流域 2020 年与 1957 年、1974 年、1993 年、2012 年各时段最大雨量比较见表 2-5。

表 2-5　沂沭泗流域 2020 年与 1957 年、1974 年、1993 年、2012 年各时段最大雨量比较

年份	24 h				1 d				3 d			
	河名	站名	雨量/mm	日期（月-日）	河名	站名	雨量/mm	日期（月-日）	河名	站名	雨量/mm	起始日期（月-日）
2020	沂河	和庄	490.0	08-13	沂河	和庄	376.5	08-13	沭河	张家抱虎	497.0	08-12
1957					沭河	角沂	257.6	07-12	沭河	角沂	411.5	07-10
1974	骆马湖	北塂头	333.6	08-12	骆马湖	北塂头	333.6	08-12	沭河	蒲汪	435.6	08-11
1993	沂河	刘庄	394.1	08-04	沂河	刘庄	372.4	08-04	沂河	刘庄	396.6	08-03
2012	沂河	马庄	267.0	07-09	沂河	马庄	267.0	07-09	沂河	马庄	414.5	07-07

第 3 章 洪水分析

3.1 洪水概述

2020 年,受 8 月 13~14 日沂沭泗河上游集中强降水影响,沂沭泗河水系发生了 1960 年以来最大洪水,沂河、沭河、新沭河、新沂河等主要河道出现较大洪水过程。沂沭泗水系暴雨洪水特点如下。

3.1.1 干支流洪水遭遇,沂沭河洪水并发

沂河干流葛沟站 8 月 14 日 12 时 8 分出现洪峰流量 6 320 m^3/s,支流蒙河高里站 14 日 10 时 58 分出现洪峰流量 3 960 m^3/s,祊河角沂站 14 日 18 时 11 分出现洪峰流量 2 570 m^3/s,沂河葛沟站、蒙河高里站、祊河角沂站至临沂站传播时间分别为 6 h、8 h、0 h,干支流洪水遭遇,形成临沂站洪峰流量 10 900 m^3/s。沂河临沂站、沭河重沟站洪峰均出现在 14 日 18~19 时,两河洪水平行南下,洪水并发。

3.1.2 超警超保河流多,洪水峰高量大

沂沭泗水系有 11 条河流发生超警以上洪水、3 条河流发生超保证洪水、5 条河流超历史记录,沂河临沂和港上站、沭河重沟站、新沂河沭阳站、泗河书院站等超警戒水位历时 2~72 h。沂河临沂站实测流量为 1960 年以来最大,还原洪峰流量为 14 300 m^3/s,洪水过程历时约 93 h,其中 10 000 m^3/s 以上流量持续 6 h。沭河重沟站实测洪峰流量为 1950 年以来最大,还原洪峰流量为 7 500 m^3/s,洪水过程历时约 71 h,其中 5 000 m^3/s 以上流量持续 11 h。刘家道口闸、彭家道口闸、人民胜利堰闸和新沭河闸(推算)最大下泄流量分别为 7 890 m^3/s、3 290 m^3/s、2 770 m^3/s 和 6 700 m^3/s,均为建闸以来最大下泄流量。

3.2 洪水过程

2020 年,沂沭泗水系洪水主要发生在 7 月下旬至 8 月,其中 8 月沂沭泗水系发生了大洪水。

7 月下旬,沂沭泗水系出现 1 次明显涨水过程,其中沂河临沂站最大流量 3 580 m^3/s、沭河重沟站最大流量 1 600 m^3/s,新沂河发生超警戒水位洪水,最高水位超警戒水位 0.71 m,最大流量 4 280 m^3/s。

8 月,沂沭泗水系出现多次强降水过程,导致沂沭泗水系发生多次涨水过程,沂河共

发生 1 次编号洪水,沭河共发生 2 次编号洪水。特别是受 13 日夜间至 14 日短时强降水影响,沂沭泗水系发生大洪水,为 2020 年最大洪水,有 11 条河流发生超警洪水、5 条河流发生超保洪水、6 条河流发生超历史实测记录。沂河、沭河相继出现编号洪水,沂河发生1960 年以来最大洪水,沭河发生 1974 年以来最大洪水,为有资料记录以来的实测最大洪水,泗河发生超警洪水。

沂河临沂站最大流量 10 900 m³/s,为 1960 年以来最大流量;沭河重沟站最大流量5 950 m³/s,为有实测资料以来最大流量,新安站最大流量 2 090 m³/s,为 1974 年以来最大流量;新沂河大兴镇站洪峰流量、石梁河水库最大下泄流量均列 1950 年以来实测资料第 1 位。沂河干支流、沭河、新沂河、新沭河等河流多个站点发生超警戒水位洪水,最高超警戒水位 0.10~4.01 m,沂河刘家道口闸、分沂入沭彭道口闸、新沭河新沭河闸、老沭河人民胜利堰闸、城河滕州站发生超过保证水位洪水过程,最高水位超保证水位 0.28~0.77 m。

刘家道口枢纽刘家道口闸、彭家道口闸,大官庄枢纽新沭河闸和人民胜利堰闸最大下泄流量分别为 7 890 m³/s、3 290 m³/s、6 700 m³/s、2 770 m³/s,均为建闸以来最大;骆马湖嶂山闸最大下泄流量 5 520 m³/s,列建闸以来第 2 位。

3.2.1 沂河、沭河

3.2.1.1 沂河

1. 葛沟站

8 月,葛沟站出现 3 次洪水过程,分别发生在上、中、下旬,洪峰流量分别为 1 640 m³/s、6 320 m³/s、1 490 m³/s,其中第 2 次洪水为 2020 年最大,洪峰水位 92.30 m,超警戒水位0.59 m,列有资料记录以来第 5 位,洪峰流量 6 320 m³/s,为 1960 年以来最大,列 1950 年有连续实测资料以来第 3 位。

受 8 月 13~14 日强降水影响,沂河葛沟站 8 月 13 日 8 时水位从 87.34 m(相应流量141 m³/s)开始起涨,14 日 9 时水位至 91.88 m,超警戒水位(91.71 m)0.16 m,之后水位继续上涨。12 时 8 分出现最高水位 92.30 m,相应洪峰流量 6 320 m³/s,其后水位逐渐回落,20 时水位 91.64 m,降至警戒水位以下 0.07 m,超警戒水位历时约 11 h。

葛沟站水位流量过程线见图 3-1。

2. 角沂站

角沂站是沂河支流祊河的主要控制站。角沂站在 7 月下旬、8 月上旬和 8 月中旬分别有 1 次洪水过程,洪峰流量分别为 1 560 m³/s、1 490 m³/s 和 2 570 m³/s,8 月中旬洪水为 2020 年最大,最高超警 0.1 m。

受 8 月 13~14 日强降水影响,8 月 14 日 3 时角沂站水位从 67.00 m(相应流量159 m³/s)开始起涨,17 时水位涨至警戒水位(71.31 m),18 时 11 分出现最大流量 2 570m³/s,相应最高水位 71.41 m,超警戒水位 0.1 m。之后水位逐渐回落,20 时水位降至警戒水位以下,超警戒水位历时 3 h。

角沂站水位流量过程线见图 3-2。

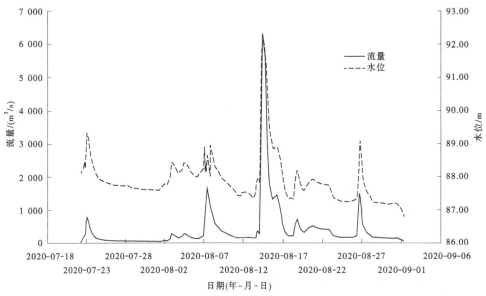

图 3-1 2020 年沂河葛沟站 7 月 22 日至 9 月 1 日水位流量过程线

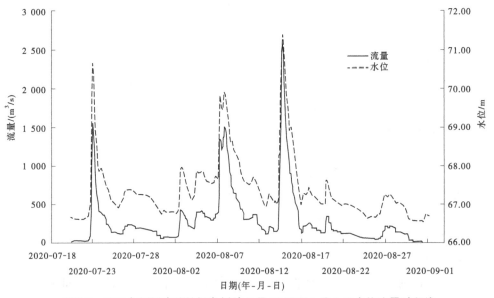

图 3-2 2020 年沂河支流祊河角沂站 7 月 20 日至 9 月 1 日水位流量过程线

3. 高里站

高里站是沂河支流蒙河的主要控制站,在 8 月中旬出现一次大的涨水过程。

受 8 月 13~14 日强降水影响,高里站 8 月 13 日 20 时水位从 83.28 m(相应流量 19.7 m³/s)开始起涨,14 日 10 时 44 分出现最高水位 89.99 m,10 时 58 分出现洪峰流量 3 960 m³/s,其后水位流量逐渐回落。洪峰水位列有资料记录以来第 1 位,洪峰流量为 1960 年以来最大。

高里站水位流量过程线见图3-3。

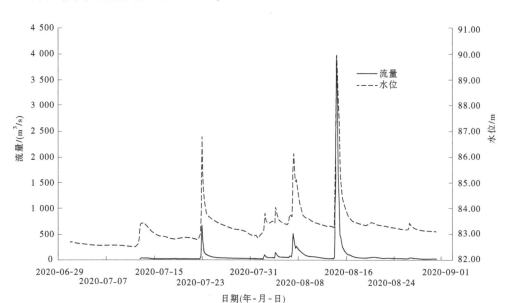

图3-3 沂河支流蒙河高里站7月1日至8月31日水位流量过程线

4.临沂站

7月下旬至8月中旬临沂站洪水涨落频繁,洪水过程多,流量超过1 000 m³/s的过程有5次,超过3 000 m³/s的过程有3次,其中8月13~14日的洪水过程最大,洪峰流量达10 900 m³/s,为1960年以来最大,列1950年有连续实测资料以来第3位。

第1次洪水:发生在7月22~24日,23日4时21分出现洪峰流量3 580 m³/s。

第2次洪水:发生在8月1~3日,2日19时30分出现洪峰流量1 160 m³/s。

第3次洪水:发生在8月4~5日,4日17时36分出现洪峰流量1 110 m³/s。

第4次洪水:发生在8月6~10日,7日14时31分出现洪峰流量3 730 m³/s。

第5次洪水:受8月13~14日强降水影响,沂河临沂站8月13日22时水位从58.04 m(相应流量287 m³/s)开始起涨,14日11时17分流量5 090 m³/s,为2020年以来流量首次超过4 000 m³/s,此次洪水被编号为"2020年沂河第1号洪水"。12时30分流量7 520 m³/s,超过警戒流量(7 000 m³/s),17时水位64.05 m,达到警戒水位(64.05 m),之后水位继续上涨。18时出现最大流量10 900 m³/s,18时46分出现最高水位64.12 m。之后洪水逐渐回落,20时16分水位64.04 m,降至警戒水位以下0.01 m,超警戒水位历时约3 h。

临沂站水位流量过程线见图3-4。

5.刘家道口站

1)刘家道口(闸上)

7月下旬至8月下旬,刘家道口闸共有4次流量超过1 000 m³/s的泄流过程,分别于7月23日、8月7日、8月14日、8月27日出现最大下泄流量2 640 m³/s、2 050 m³/s、7 890 m³/s、1 040 m³/s。其中,以第3次泄流过程最大,刘家道口(闸上)最高水位61.74 m,为历史最高,最大过闸流量7 890 m³/s为建闸以来最大。

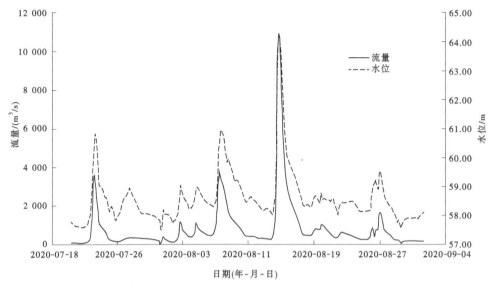

图 3-4　2020 年沂河临沂站 7 月 20 日至 9 月 1 日水位流量过程线

受 8 月 13 ~ 14 日强降水及上游来水影响,刘家道口(闸上)8 月 14 日 0 时水位从 56.56 m 开始起涨,12 时 6 分水位 60.18 m,超过警戒水位(60.00 m)0.18 m,之后 16 时水位 61.47 m,超过保证水位(61.40 m)0.07 m。为加快洪水下泄,17 时 12 分,刘家道口 36 孔闸门全开,开启高度 1.80 m,18 时最大过闸流量 7 890 m³/s。19 时出现最高水位 61.74 m,之后水位逐渐回落,23 时水位 61.30 m,降至保证水位以下 0.10 m,超保证水位历时约 7 h;15 日 5 时水位 59.87 m,降至警戒水位以下 0.13 m,超警戒水位历时约 17 h。

刘家道口(闸上)水位、过闸流量过程线见图 3-5。

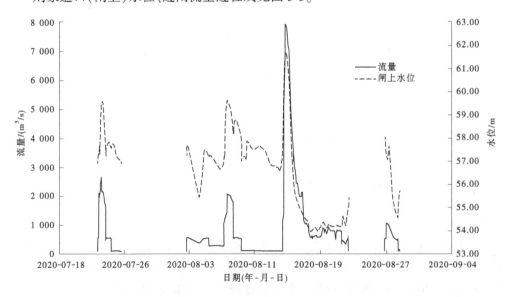

图 3-5　2020 年刘家道口(闸上)7 月 22 日至 8 月 28 日水位、过闸流量过程线

2)彭道口闸(闸上)

7月下旬至8月下旬,刘家道口闸共有2次流量超过1 000 m³/s 的泄流过程,分别于8月7日、8月14日出现最大下泄流量1 580 m³/s、3 290 m³/s。其中,以第2次泄流过程最大,最大过闸流量3 290 m³/s 为建闸以来最大。

受8月13~14日强降水及上游来水影响,彭道口闸(闸上)8月14日0时水位从56.56 m 开始起涨,随后水位快速上涨,为加快洪水东调,减轻沂河干流下游河道防洪压力,12时彭道口闸19孔闸门全部提出水面。15时水位61.03 m,超保证水位(60.97 m)0.06 m,19时出现最大过闸流量3 290 m³/s,同时出现最高水位61.74 m,其后水位逐渐回落,15日0时水位60.86m,降至保证水位以下0.11 m,超保证水位历时约10 h。

彭道口闸(闸上)水位、过闸流量过程线见图3-6。

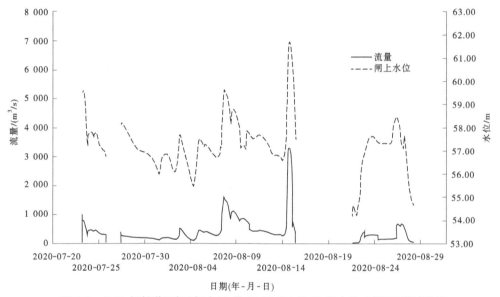

图 3-6　2020 年彭道口闸(闸上)7 月 23 日至 8 月 28 日水位、过闸流量过程线

6.堰上站

7月下旬至8月下旬堰上站洪水涨落频繁,流量超过1 000 m³/s 的过程有4次,以8月13~14日的洪水过程最大,洪峰流量达7 400 m³/s,为1960年以来最大,列1950年有连续实测资料以来第2位。

受8月13~14日强降水及上游来水影响,堰上站8月14日14时10分水位从28.46 m(相应流量247 m³/s)开始起涨,23时45分水位34.03 m,超过警戒水位(33.5 m)0.53 m。15日4时10分出现最大流量7 400 m³/s,6时5分出现最高水位34.99 m,之后水位逐渐回落,18时15分水位33.43 m,降至警戒水位以下0.07 m,超警戒水位历时约20 h。

堰上站水位流量过程线见图3-7。

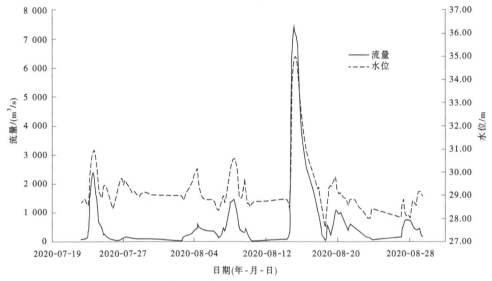

图 3-7 沂河堨上站 7 月 22 日至 8 月 29 日水位流量过程线

3.2.1.2 沭河

1. 莒县站

莒县站在 8 月中旬出现一次大的洪水过程。受 8 月 13～14 日强降水影响,莒县站 8 月 13 日 20 时水位从 107.07 m 开始起涨,相应流量 155 m³/s,14 日 5 时出现最大流量为 1 050 m³/s,最高水位 108.47 m,低于警戒水位 0.03 m,水位涨幅 1.40 m。

莒县站水位流量过程线见图 3-8。

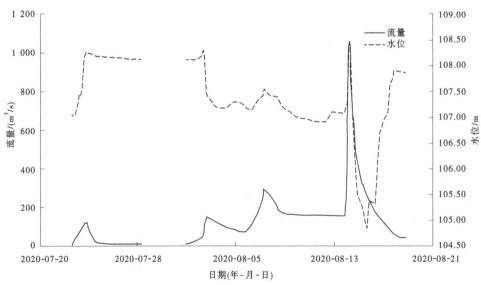

图 3-8 2020 年沭河莒县站 7 月 22 日至 8 月 18 日水位流量过程线

2. 石拉渊站

石拉渊站于 8 月中旬出现一次明显洪水过程。受 8 月 13～14 日强降水影响,石拉渊站 8 月 13 日 8 时水位从 73.44 m 开始起涨,14 日 14 时达到最高水位 78.47 m,超保证水位 0.26 m,水位涨幅 5.03 m。

石拉渊站水位过程线见图 3-9。

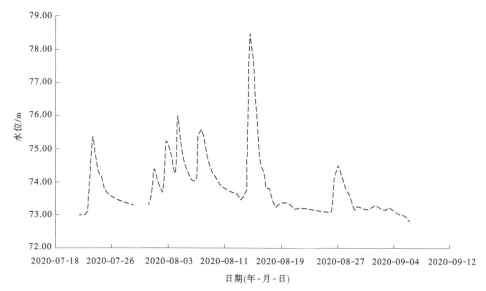

图 3-9　2020 年沭河石拉渊站 7 月 20 日至 9 月 4 日水位过程线

3. 重沟站

7～8 月,沭河干流重沟站发生多次涨水过程,超过 1 000 m³/s 的洪水过程共有 5 次,其中 8 月 4 日和 14 日分别发生了 1 次编号洪水,8 月 14 日的过程为沭河重沟站有实测资料以来最大。

第 1 次编号洪水过程:8 月 4 日 6 时水位从 54.58 m 起涨,相应流量 609 m³/s,12 时 47 分流量 2 060 m³/s,根据《全国主要江河洪水编号规定》,此次洪水编号为"沭河 2020 年第 1 号洪水",14 时 31 分出现洪峰水位 56.77 m,相应洪峰流量 2 370 m³/s。

第 2 次编号洪水过程:重沟站 8 月 14 日 8 时水位从 52.70 m 开始起涨,相应流量 80 m³/s,14 日 11 时 36 分流量 2 040 m³/s,达到《全国主要江河洪水编号规定》编号标准,为"沭河 2020 年第 2 号洪水",14 日 14 时 18 分水位 58.05 m,超过警戒水位 0.65 m(警戒水位 57.40 m),14 日 19 时出现洪峰流量 5 950 m³/s,为沭河有实测资料以来最大流量,洪峰水位 60.26 m,为沭河有实测资料以来最高水位,超过警戒水位 2.86 m,水位涨幅 7.56 m,15 日 16 时水位降至警戒水位,超警戒水位历时 26 h。

重沟站水位流量过程线见图 3-10。

4. 大官庄枢纽

1)新沭河闸

7 月下旬至 8 月下旬,新沭河闸共有 5 次流量超过 1 000 m³/s 的泄流过程,分别于 7 月 23 日、8 月 4 日、8 月 7 日、8 月 14 日、8 月 27 日出现最大下泄流量 3 180 m³/s、2 080 m³/s、3 320 m³/s、6 700 m³/s、1 360 m³/s。其中,以 8 月 14 日泄流过程最大,下泄流量

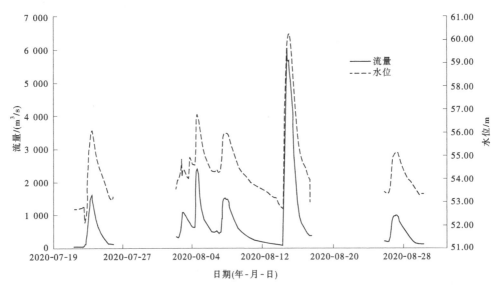

图 3-10　2020 年沭河重沟站 7 月 21 日至 8 月 30 日水位流量过程线

6 700 m³/s 为建闸以来最大。

8 月 14 日 12 时 30 分,新沭河闸水位从 48.62 m 开始起涨,14 日 15 时 48 分水位涨至 52.52 m,超过警戒水位(52.50 m)0.02 m,14 日 20 时 30 分水位涨至 55.68 m,超过保证水位(55.67 m)0.01 m,15 日 1 时 42 分达到最高水位 56.71 m,超过保证水位 0.04 m,最大下泄流量为 6 700 m³/s,水位涨幅 8.09 m。15 日 6 时水位 55.61 m,降至保证水位以下 0.06 m,15 日 15 时 30 分水位 52.50 m,降至警戒水位,超警戒水位历时 24 h,超保证水位历时 9 h。

新沭河闸水位及下泄流量过程线见图 3-11。

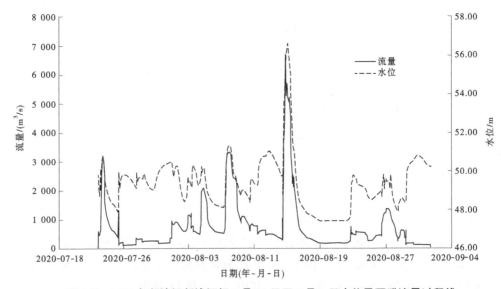

图 3-11　2020 年新沭河新沭河闸 7 月 23 日至 9 月 1 日水位及下泄流量过程线

2）人民胜利堰闸

人民胜利堰闸在 8 月中旬出现一次大的泄流过程,最大下泄流量为建闸以来最大。

8 月 14 日 13 时 24 分,人民胜利堰闸水位从 50.31 m 开始起涨,14 日 15 时 24 分水位涨至 52.64 m,超过警戒水位(52.50 m)0.14 m,20 时 54 分水位涨至 55.87 m,超过保证水位(55.86 m)0.01 m,15 日 1 时 42 分达到最高水位 56.84 m,超过保证水位 0.98 m,最大下泄流量为 2 770 m³/s,为建闸以来最大,水位涨幅 6.53 m。15 日 5 时 18 分水位 55.81 m,降至保证水位以下 0.05 m,15 日 16 时水位 52.45 m,降至警戒水位以下 0.05 m,超警戒水位历时 24 h,超保证水位历时 8 h。

人民胜利堰闸水位及下泄流量过程线见图 3-12。

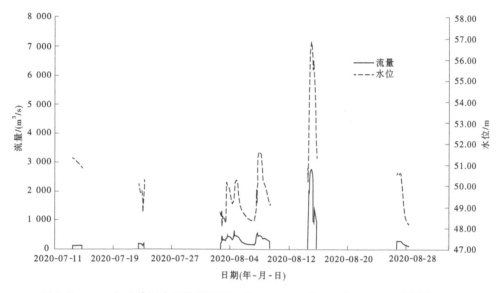

图 3-12　2020 年老沭河人民胜利堰闸 7 月 15 日至 9 月 1 日水位及下泄流量过程线

5. 新安站

沭河新安站在 8 月中旬出现一次超过警戒水位的洪水过程。8 月 14 日 21 时 25 分水位从 24.97 m 开始起涨,相应流量 79.1 m³/s,15 日 12 时 45 分出现最高水位 29.07 m,超过警戒水位(28.50 m)0.57 m,为 1974 年以来第二高水位,最大流量 2 090 m³/s,为 1974 年以来最大,15 日 22 时水位 28.49 m 降至警戒水位以下,超警戒水位历时 9 h。

新安站水位流量过程线见图 3-13。

3.2.1.3　新沭河

受新沭河闸泄流影响,大兴镇站相应出现 5 次流量超过 1 000 m³/s 的洪水过程,分别于 7 月 23 日、8 月 4 日、8 月 7 日、8 月 15 日、8 月 27 日出现最大下泄流量 2 440 m³/s、1 830 m³/s、2 900 m³/s、6 080 m³/s、1 410 m³/s。其中,以 8 月 15 日泄流量(6 080 m³/s)为 1951 年以来最大。

新沭河大兴镇站水位流量过程线见图 3-14。

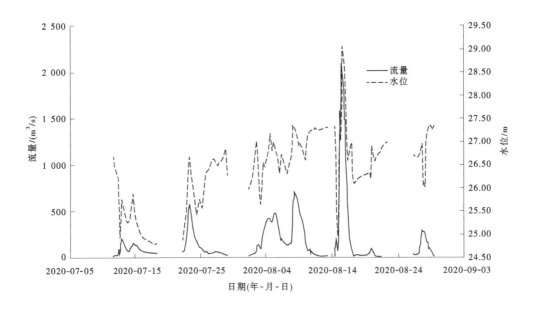

图 3-13   2020 年沭河新安站 7 月 15 日至 9 月 1 日水位流量过程线

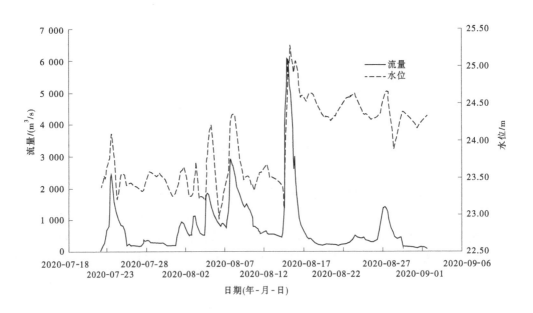

图 3-14   2020 年新沭河大兴镇站 7 月 22 日至 9 月 1 日水位流量过程线

3.2.2   南四湖

3.2.2.1   南四湖上级湖

汛初,南四湖上级湖水位缓慢下降,7 月 11 日降至最低水位 33.59 m(低于汛限水位

0.61 m)后快速上涨,7 月 24 日超过汛限水位,8 月 8 日出现最高水位 35.5 m,超汛限水位 1.3 m,随后水位缓慢下降,至汛末水位 35.02 m,比汛末蓄水位高 0.52 m。

其间,上级湖出现了 2 次入湖洪水过程,分别为 7 月 19~24 日和 8 月 2~12 日,7 月 22 日和 8 月 7 日出现日平均入湖洪峰流量为 2 110 m³/s 和 4 060 m³/s。在第 2 次过程中,为宣泄洪水,8 月 7 日二级湖一、二、三闸开启,同日出现最大日平均出湖流量 1 710 m³/s。其中,一闸和三闸于 8 月 11 日关闭,二闸于 8 月 30 日关闭。

汛期,上级湖总入湖水量 15.4 亿 m³,总出湖水量为 10.2 亿 m³。

2020 年南四湖上级湖 6~9 月日平均水位及入湖、出湖日平均流量过程线见图 3-15。

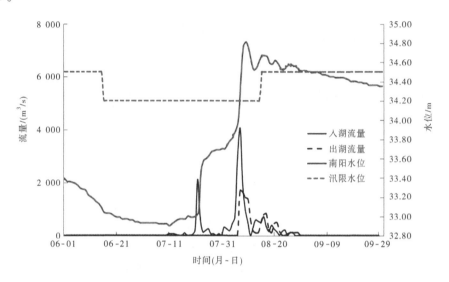

图 3-15　2020 年南四湖上级湖 6~9 月日平均水位及入湖、出湖日平均流量过程线

3.2.2.2　南四湖下级湖

南四湖下级湖水位变化趋势与上级湖类似,汛初水位 32.23 m,低于汛限水位 0.27 m,之后水位逐渐降至 7 月 11 日的 31.97 m(低于汛限水位 0.53 m)后快速上升,8 月 23 日超过汛限水位,12 日出现月最高水位 33.38 m,超汛限水位 0.88 m,随后水位波动下降,至汛末水位 32.78 m,比汛限水位高 0.28 m。

其间,上级湖主要有 2 次入湖过程,分别为 7 月 18~27 日、8 月 4~25 日,2 次过程分别于 7 月 22 日和 8 月 11 日出现最大日平均入湖流量 1 550 m³/s 和 2 050 m³/s。在第 2 次洪水过程中,韩庄闸、老运河闸和伊家河闸开启泄洪,蔺家坝闸未开,8 月 10 日出现最大日平均出湖流量 1 520 m³/s。

汛期,下级湖总入湖水量 15.2 亿 m³,总出湖水量为 12.6 亿 m³。

2020 年南四湖下级湖 6~9 月日平均水位及入湖、出湖日平均流量过程线见图 3-16。

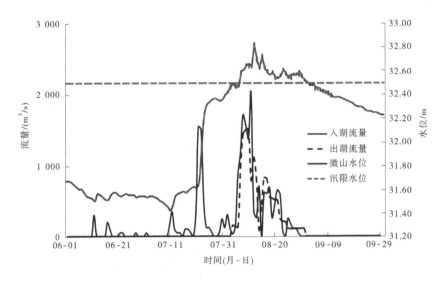

图 3-16 2020 年南四湖下级湖 6~9 月日平均水位及入湖、出湖日平均流量过程线

3.2.3 韩庄运河、中运河

3.2.3.1 韩庄运河

2020 年汛期,韩庄闸有两次开闸放水过程。

第一次过程为 8 月 4~14 日。其间,考虑强降水对骆马湖的影响,韩庄闸下泄流量逐步压减,至 14 日 13 时 42 分,韩庄闸完全关闭。8 月 10 日 16 时 50 分出现年最大流量 1 440 m³/s,8 月 12 日 8 时出现最高水位 32.72 m。本次下泄水量 7.13 亿 m³。

考虑沂河堰上站进入退水阶段,15 日 18 时 30 分,韩庄闸开闸流量 1 080 m³/s,本次过程为 8 月 15 日至 9 月 1 日,下泄水量 4.93 亿 m³。

韩庄闸站水位流量过程线见图 3-17。

3.2.3.2 中运河

2020 年汛期,运河站受南四湖泄水和区间来水影响,发生了两次较大洪水过程。

第一次为 7 月 21~30 日,7 月 23 日 7 时 45 分出现洪峰流量 1 850 m³/s,16 时 55 分出现洪峰水位 23.99 m。

第二次为 8 月 6~15 日,8 月 9 日 4 时 30 分出现年最大洪峰流量 2 530 m³/s,16 时 55 分出现洪峰水位 23.99 m,相应出现年最高洪峰水位 24.56 m。

中运河运河站水位流量过程线见图 3-18。

3.2.4 骆马湖、新沂河

3.2.4.1 骆马湖

汛初至 8 月下旬,骆马湖水位呈波动上升趋势,其间多次超过汛限水位,最低水位出现在 11 月 11 日,为 21.22 m;最高水位出现在 8 月 22 日,为 23.24 m,超汛限水位 0.24 m。主要的涨水过程共有 5 次,分别为 6 月 15~20 日、7 月 10~17 日、7 月 21~28 日、7 月 29 日至 8 月 13 日、8 月 13~25 日,其中以第 5 次涨水过程最大,5 次过程的日平均入湖洪

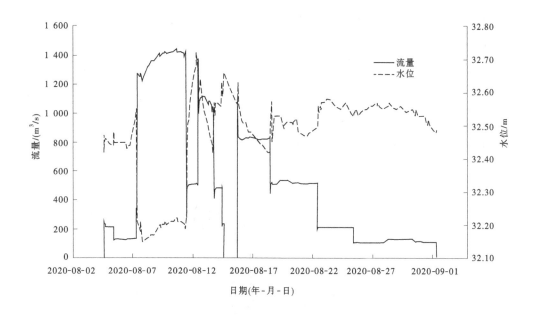

图 3-17　2020 年韩庄闸站 8 月 4 日至 9 月 1 日水位流量过程线

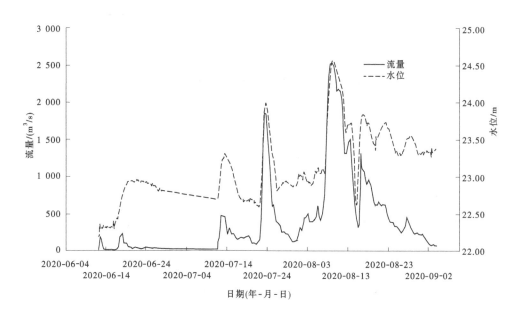

图 3-18　2020 年中运河运河站 6 月 12 日至 9 月 4 日水位流量过程线

峰流量分别为 1 070 m³/s、1 470 m³/s、3 580 m³/s、3 910 m³/s、6 000 m³/s。

在第 5 次洪水中,为迎接沂河来水,骆马湖提前预泄腾出库容,14 日 8 时 40 分嶂山闸下泄流量由 517 m³/s 加大至 1 530 m³/s,9 时 45 分加大至 2 550 m³/s,10 时 45 分加大至 3 670 m³/s,13 时加大至最大泄流量 5 350 m³/s,列建闸以来第 2 位。受大流量下泄影响,骆马湖洋河滩闸水位持续降低,15 日 3 时迅速降至水位 22.05 m,低于汛限水位(23.00 m)0.95 m。在沂河洪水到来之前,骆马湖预泄洪水 2 亿 m³。另外,为了减轻新沂河行洪压力,15 日 5 时 30 分,嶂山闸泄流量减小至 3 480 m³/s,10 时 10 分减小至 3 100 m³/s。

汛期,骆马湖总入湖水量为 57.1 亿 m³,总出湖水量为 55.7 亿 m³。

2020 年骆马湖 6~9 月日平均水位及入湖、出湖日平均流量过程线见图 3-19。

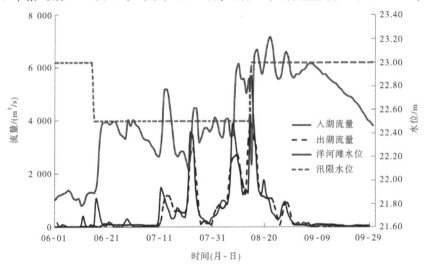

图 3-19　2020 年骆马湖 6~9 月日平均水位及入湖、出湖日平均流量过程线

3.2.4.2　新沂河

6~8 月,新沂河沭阳洪水涨落频繁,多次出现洪峰流量超过 1 000 m³/s 的洪水,尤其是 7 月下旬至 8 月中旬,沭阳站共出现 3 次超过警戒水位的洪水过程,其中以第 3 次洪水过程为最大。

第 1 次洪水过程:发生于 7 月 18~28 日,23 日 23 时 50 分出现最大流量 4 280 m³/s,24 日 13 时 5 分出现最高水位 10.21 m,最高超警戒水位(9.50 m)0.71 m。

第 2 次洪水过程:发生于 7 月 28 日至 8 月 14 日,8 月 9 日 6 时 15 分出现最高水位 9.61 m,最高超警戒水位 0.11 m,相应最大流量 3 100 m³/s。

第 3 次洪水过程:2020 年最大的洪水过程,沭阳站 8 月 14 日 11 时 20 分水位从 7.83 m(相应流量 950 m³/s)起涨,21 时 10 分水位 9.60 m,超警戒水位 0.10 m,之后水位继续上涨。15 日 6 时出现最大流量 4 860 m³/s,16 日 2 时出现最高水位 10.39 m,之后水位逐渐回落。17 日 20 时 15 分水位 9.50 m,降至警戒水位,超警戒水位历时约 71 h。

2020 年新沂河沭阳站水位流量过程线如图 3-20 所示。

2020 年沂沭泗水系主要控制站洪水特征值见表 3-1。

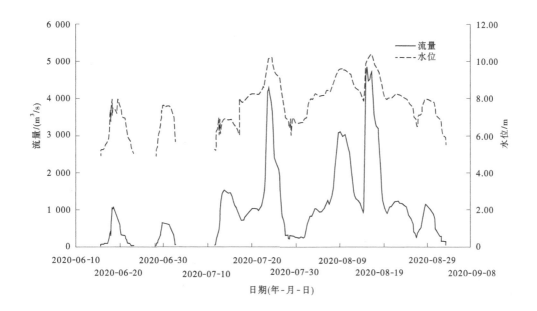

图 3-20 2020 年新沂河沭阳站 6 月 25 日至 9 月 1 日水位流量过程线

表 3-1 2020 年沂沭泗水系主要控制站洪水特征值

河名	站名	警戒水位	保证任务		最高水位		最大流量		最高超警戒水位/m	最高超保证水位/m
			水位/m	流量/(m³/s)	水位/m	出现时间(月-日 T 时:分)	流量/(m³/s)	出现时间(月-日 T 时:分)		
祊河	角沂	71.31	72.31	4 940	71.41	08-14T18:11	2 570	08-14T18:11	0.10	-0.90
蒙河	高里				89.99	08-14T10:44	3 960	08-14T10:58		
沂河	葛沟	91.71	93.80	9 000	92.30	08-14T12:08	6 320	08-14T12:08	0.59	-1.50
沂河	临沂	64.05	66.56	16 000	64.12	08-14T18:46	10 900	08-14T18:00	0.07	-2.44
沂河	刘家道口闸	60.00	61.40	12 000	61.74	08-14T19:00	7 890	08-14T18:00	1.74	0.34
分沂入沭	彭家道口闸		60.97	4 000	61.74	08-14T19:00	3 290	08-14T19:00		0.77

续表 3-1

河名	站名	警戒水位/m	保证任务		最高水位		最大流量		最高超警戒水位/m	最高超保证水位/m
			水位/m	流量/(m³/s)	水位/m	出现时间(月-日T时:分)	流量/(m³/s)	出现时间(月-日T时:分)		
沂河	埝上	33.50	36.32		34.99	08-15T06:05	7 400	08-15T04:10	1.49	-1.33
沭河	重沟	57.40	61.58	8 150	60.26	08-14T19:00	5 950	08-14T19:00	2.86	-1.32
新沭河	新沭河闸	52.50	55.67	6 000	56.71	08-15T01:42	6 700	08-15T01:42	4.21	1.04
老沭河	胜利堰闸	52.50	55.86	2 500	56.84	08-15T01:42	2 770	T8-15T01:42	4.34	0.98
新沭河	大兴镇				25.29	08-15T09:25	6 080	08-15T00:25		
老沭河	新安	28.50	30.21		29.07	08-15T12:45	2 090	08-15T12:45	0.57	-1.14
南阳湖	南阳	35.00	37.00		35.50	08-08			0.50	-1.5
昭阳湖	二闸				34.72	08-15T14:00	2 670	08-07		
微山湖	微山岛	34.50	36.50		33.38	08-12			-1.12	-3.12
新运河	韩庄闸				32.71	08-12	1 440	08-10		
伊家河	伊家河闸				32.72	08-15	162	08-07		
不牢河	蔺家坝闸	35.00			33.94	08-08			-1.06	

续表 3-1

河名	站名	警戒水位	保证任务		最高水位		最大流量		最高超警戒水位/m	最高超保证水位/m
			水位/m	流量/(m³/s)	水位/m	出现时间(月-日T时:分)	流量/(m³/s)	出现时间(月-日T时:分)		
	台儿庄	27.50	30.25	5 400	28.17	08-08	1 720	08-07	0.67	-2.08
中运河	运河	24.50	26.50		24.56	08-09	2 530	08-09	0.06	-1.94
骆马湖	杨河滩	23.60			23.24	08-22T09:00	51.3	06-16	-0.36	
中运河	皂河闸	23.50			23.25	08-22	157	8/4	-0.25	
六塘河	六塘河闸	25.00			19.58	08-19			-5.42	
骆马湖	嶂山闸	23.50			23.30	08-20T23:30	5 520	08-14T15:00	-0.20	
新沂河	沭阳	9.50	11.40		10.39	08-16T02:00	4 860	08-15T06:00	0.89	-1.01
泗河	书院	67.70	68.57	1 700	68.13	08-15	1 230	08-15T07:47	0.43	-0.44
新开河	桐槐树	10.60			12.19	07-23T12:35	559	07-23T11:30	1.59	
城河	滕州	63.98	64.48	2 270	64.76	08-07	274	08-11	0.78	0.28

3.2.5 大型水系

8月,沂沭泗水系发生大洪水,岸堤、陡山、石梁河等9座大型水库超过汛限水位,最高超汛限水位0.08~2.83 m。沂河、沭河及新沭河水库出现了较大的入库洪水过程,其中沂河支流岸堤水库8月14日10时42分出现最大入库流量1 020 m³/s;沭河支流陡山水库8月14日17时出现最大入库流量1 040 m³/s;新沭河石梁河水库8月15日9时40分出现最大入库流量4 790 m³/s。

2020年洪水期间沂沭泗水系大型水库水文特征值见表3-2。

表 3-2　2020 年洪水期间沂沭泗水系大型水库水文特征值

河名	水库名称	特征水位			最高水位			最大出库	
		汛限水位/m	设计水位/m	校核水位/m	最高水位/m	最高超汛限水位/m	出现时间(月-日 T 时:分)	最大出库流量/(m³/s)	出现时间(月-日 T 时:分)
厚镇河	安峰山	16.00	18.00	18.67	16.52	0.52	06-18	—	—
新沭河	石梁河	23.50	27.65	28.00	24.77	1.27	08-16T01:40	4 790	08-15T09:40
青口河	小塔山	32.00	35.37	37.31	32.92	0.92	08-27T06:25	145	08-07T17:00
小沂河	尼山	121.20	125.39	127.32	118.91	-2.29	09-30T08:00	—	—
白马河	西苇水库	106.24	108.96	110.37	102.18	-4.06	09-13T08:00	0.322	02-01T00:02
北沙河	马河	108.00	112.51	113.91	108.30	0.30	09-02T08:00	2.37	04-30T06:10
城河	岩马	127.74	129.87	133.51	127.78	0.04	09-08T08:00	1.48	05-31T20:06
西加河	会宝岭北	75.00	76.60	77.85	75.66	0.66	07-22T21:30	—	—
西加河	会宝岭南	75.00	76.60	77.85	75.42	0.42	08-14T17:54	199	08-14T18:30
温凉河	许家崖	145.00	148.39	151.22	146.45	1.45	08-26T12:00	135	08-08T02:00
浚河	唐村	185.00	188.33	188.60	185.56	0.56	12-31T08:00	48.6	08-14T19:06
东汶河	岸堤	174.00	177.80	180.00	176.25	2.25	08-14T16:00	1 020	08-14T10:42
沂河	田庄	309.47	310.97	313.83	310.18	0.71	08-24T9:30	261	08-20T05:36
沂河	跋山	176.17	180.00	184.36	176.97	0.80	08-25T17:30	702	08-26T05:40
沭河	沙沟水库	231.50	236.49	240.73	231.42	-0.08	08-16T17:24	42.4	08-08T00:00
沭河	青峰岭	160.00	163.23	165.47	159.96	-0.04	08-20T08:00	153	08-14T08:00
袁公河	小仕阳	153.50	155.55	158.11	153.71	0.21	08-14T15:00	112	08-14T05:00
浔河	陡山	125.00	128.25	131.79	127.83	2.83	08-14T18:00	1 040	08-14T17:00
傅疃河	日照	42.50	44.63	46.95	42.95	0.45	08-31T07:24	608	08-14T19:00

3.3 洪水组成

本节分析计算了沂沭泗水系沂沭河、中运河、骆马湖及新沂河主要控制站 8 月实测场次洪水的来水量组成。分析场次洪水时,没有考虑上游干支流来水的传播时间,上游干支流组成站洪水的起讫时间由控制站过程确定。

3.3.1 沂沭河

3.3.1.1 沂河临沂站

沂河临沂站上游控制站有沂河葛沟站、蒙河高里站和祊河角沂站。经分析计算,临沂站场次洪水总量为 11.4 亿 m³,其中沂河葛沟站来水占临沂站来水量的 56.1%,蒙河高里站、祊河角沂站来水和区间来水分别占临沂站来水量的 14.9%、24.6% 和 4.4%。2020 年沂河临沂站场次洪水洪量组成见表 3-3。

表 3-3 2020 年沂河临沂站场次洪水洪量组成成果

洪水起迄时间(月-日)	临沂站	上游及区间来水							
	洪水总量/亿 m³	沂河葛沟站		蒙河高里站		祊河角沂站		区间	
		洪量/亿 m³	占总量/%	洪量/亿 m³	占总量/%	洪量/亿 m³	占总量/%	洪量/亿 m³	占总量/%
08-13~08-17	11.4	6.4	56.1	1.7	14.9	2.8	24.6	0.5	4.4

3.3.1.2 沭河大官庄(总)站

沭河大官庄(总)站流量为新沭河大官庄闸和沭河人民胜利堰闸的合成流量。上游来水控制站有沭河重沟站和分沂入沭彭道口闸。经分析计算,大官庄(总)站场次洪水总量为 10.6 亿 m³,其中沭河重沟站来水占 61.3%,彭家道口闸来水占 17.0%,区间来水占 21.7%。2020 年沭河大官庄(总)站场次洪水洪量组成见表 3-4。

表 3-4 2020 年沭河大官庄(总)站场次洪水洪量组成

洪水起迄时间(月-日)	大官庄(总)站洪量/亿 m³			沭河重沟站		分沂入沭彭家道口闸		区间	
	新沭河闸	人民胜利堰闸	合计	洪量/亿 m³	占总量/%	洪量/亿 m³	占总量/%	洪量/亿 m³	占总量/%
08-14~08-17	8.6	2	10.6	6.5	61.3	1.8	17.0	2.3	21.7

3.3.1.3 新沭河石梁河水库

石梁河水库洪水由大官庄新沭河闸泄洪和新沭河闸至石梁河水库区间来水两部分组成。经分析计算,石梁河水库的场次洪水总量为 8.8 亿 m³,新沭河闸来水占比 97.7%,区间来水仅占比 2.3%(见表 3-5)。

表 3-5　2020 年石梁河水库场次洪水洪量组成

洪水起迄时间(月-日)	入库洪量/亿 m³	新沭河闸来水		区间来水	
		洪量/亿 m³	占总量/%	洪量/亿 m³	占总量/%
08-13~08-17	8.8	8.6	97.7	0.2	2.3

3.3.2　中运河

中运河运河站洪水由南四湖出口控制站(包括韩庄枢纽和蔺家坝闸)来水和邳苍区间来水组成,本次洪水蔺家坝闸未开闸放水。经分析计算,运河站洪水总量 12.4 亿 m³,韩庄枢纽来水量占 45.8%,区间来水占 54.2%。2020 年中运河运河站场次洪水洪量组成见表 3-6。

表 3-6　2020 年中运河运河站场次洪水洪量组成

洪水起迄时间(月-日)	运河站洪水总量/亿 m³	韩庄枢纽		蔺家坝闸		区间	
		洪量/亿 m³	占总量/%	洪量/亿 m³	占总量/%	洪量/亿 m³	占总量/%
08-06~08-16	12.4	6.1	45.8	0	0	6.3	54.2

3.3.3　骆马湖和新沂河

3.3.3.1　骆马湖

骆马湖入湖水量控制站为沂河堪上站、中运河运河站、房亭河刘集闸站。经分析计算,骆马湖场次洪水总量 13.5 亿 m³,沂河堪上站来水占 76.3%,中运河运河站占 20.7%,区间来水占 3.0%。2020 年骆马湖的入湖场次洪水洪量组成见表 3-7。

表 3-7　2020 年骆马湖的入湖场次洪水洪量组成

洪水起迄时间(月-日)	骆马湖洪水总量/亿 m³	沂河堪上		中运河运河		房亭河刘集闸		区间	
		洪量/亿 m³	占总量/%	洪量/亿 m³	占总量/%	洪量/亿 m³	占总量/%	洪量/亿 m³	占总量/%
08-14~08-18	13.5	10.3	76.3	2.8	20.7	0	0	0.4	3.0

3.3.3.2　新沂河沭阳站

新沂河沭阳站洪水由沂河嶂山闸、老沭河新安站、新开河桐槐树站、淮沭河沭阳闸和区间组成。经分析计算,沭阳站洪水总量为 14.4 亿 m³,沭阳站的来水主要由新沂河嶂山闸和老沭河新安站组成,两站来水分别占比 83.3% 和 12.5%。2020 年新沂河沭阳站场次洪水洪量组成见表 3-8。

表 3-8 2020 年新沂河沭阳站场次洪水洪量组成

洪水起迄时间（月-日）	沭阳洪水总量/亿 m³	新沂河嶂山闸		沭河新安		新开河桐槐树		淮沭河沭阳闸		区间	
		洪量/亿 m³	占总量/%	洪量/亿 m³	占总量/%	洪量/亿 m³	占总量/%	洪量/亿 m³	占总量/%	洪量/亿 m³	占总量/%
08-14~08-18	14.4	12.0	83.3	1.8	12.5	0.2	1.4	0	0	0.4	2.8

3.4 洪水重现期

洪水重现期是反映洪水出现机遇的指标,对沂沭河而言,习惯上以沂沭河干流主要控制站重现期来反映洪水的大小。因此,以下仅对沂河控制站临沂站、沭河控制站大官庄(总)站的洪水重现期进行分析。

3.4.1 计算思路

本次选取 2020 年田庄站、跋山站、岸堤站、许家崖站、唐村站和沙沟站、青峰岭站、小仕阳站、陡山水库站以及临沂站、重沟站和大官庄(总)站水文资料,对临沂站和大官庄(总)站进行还原计算。

3.4.1.1 临沂站

洪峰流量:将上游 5 座大型水库拦蓄的洪水过程演算至临沂站,再与临沂站实测流量过程相加,即为还原后的流量过程,其最大值为最大洪峰流量,本次计算时段为 2 h,河道流量演算为马斯京根法分段连续演算法,河道流量演算参数见表 3-9。

表 3-9 沂沭河各河段 C_0、C_1、C_2 和 N 值选用

汇流参数	沂河各大型水库至临沂站					沭河各大型水库至大官庄(总)站			
	田庄	跋山	岸堤	许家崖	唐村	沙沟	青峰岭	小仕阳	陡山
C_0	-0.11	-0.05	-0.05	0.03	-0.11	-0.09	-0.05	-0.05	0.08
C_1	0.56	0.58	0.58	0.61	0.56	0.45	0.47	0.47	0.54
C_2	0.55	0.47	0.47	0.36	0.55	0.64	0.58	0.58	0.38
N	5	4	4	3	5	6	5	5	3

洪量:将上游 5 座大型水库每日 8 时蓄水量推求日蓄变量过程,不做河道洪水演算,错开传播时间与临沂站实测逐日流量过程直接相加,求得还原后的临沂站逐日洪水过程,从中选取最大 3 d 的洪量。

雨量:根据沂河临沂以上逐日雨量过程,计算最大 3 d 的雨量。

3.4.1.2 大官庄(总)站

洪峰流量:首先将人民胜利堰闸和新沭河闸下泄流量之和,扣除分沂入沭彭道口闸流

量作为大官庄(总)站实测流量,其次将上游 4 座大型水库拦蓄的洪水过程演算至大官庄(总)站,与实测流量过程相加,即为还原后的流量过程,其最大值为最大洪峰流量,计算时段为 2 h,河道流量演算为马斯京根法分段连续演算法,河道流量演算参数见表 3-9。

洪量:将上游 4 座大型水库每日 8 时蓄水量推求日蓄变量过程,不做河道洪水演算,错开传播时间与大官庄(总)站实测逐日流量过程直接相加,求得还原后的大官庄(总)站逐日洪水过程,从中选取最大 3 d 的洪量。

雨量:根据沭河大官庄(总)站以上逐日雨量过程,计算最大 3 d 的雨量。

3.4.2 分析成果

依据临沂站、大官庄(总)站还原后的洪峰流量、洪量分析其洪水重现期。频率曲线采用 1980 年《沂沭泗流域骆马湖以上设计洪水报告》中相关成果,见表 3-10。

表 3-10　2020 年临沂和大官庄站重现期分析成果

站名	洪水要素	均值	C_v	C_s/C_v	洪峰流量/ (m^3/s)	洪量/ 亿 m^3	起迄时间 (月-日~月-日)	重现期/ 年
临沂	洪峰流量	5 800	0.95	2.5	14 100		08-14~08-14	13
	最大 3 d 洪量	5.5	0.85	2.5		12.0	08-14~08-16	11
	最大 7 d 洪量	9.2	0.85	2.5		14.2	08-14~08-20	5
	最大 15 d 洪量	13	0.80	2.5		24.0	08-02~08-16	8
大官庄 (总)	洪峰流量	2 700	0.85	2.5	7 700		08~16~08-16	24
	最大 3 d 洪量	2.7	0.85	2.5		6.6	08-14~08-16	15
	最大 7 d 洪量	4	0.85	2.5		7.4	08-10~08-16	8
	最大 15 d 洪量	5.5	0.80	2.5		11.6	08-02~08-16	11

注:各洪水要素中均值、C_v 和 C_s/C_v 为 1980 年《沂沭泗流域骆马湖以上设计洪水报告》中成果。

沂河临沂站还原洪峰流量、最大 3 d 洪量、最大 7 洪量 d 和最大 15 d 洪量重现期分别为 13 年、11 年、5 年和 8 年,沭河大官庄(总)站还原洪峰流量、最大 3 d 洪量、最大 7 洪量和最大 15 d 洪量重现期分别为 24 年、15 年、8 年和 11 年。

3.5　与历史洪水比较

1949 年以来,沂沭泗水系先后发生了 1956 年、1957 年、1960 年、1963 年、1974 年、1991 年、1993 年、2012 年、2019 年洪水,其中以 1957 年洪水为最大。1957 年,沂沭河、南四湖同时出现大洪水,而 1974 年洪水主要发生在沂沭河,并在沭河发生了特大洪水。1993 年,南四湖、沂沭河同时出现大水,2012 年洪水主要发生在沂沭河。2020 年沂沭河洪水与历史洪水的比较分析主要选择 1974 年、1993 年、2012 年和 2019 年典型洪水进行对比分析,见表 3-11。

表 3-11 沂沭河流域主要站 2020 年洪水与历史洪水比较

河名	控制站名	2020年				1974年				1993年				2012年				2019年				历史最大值			
		最高水位/m	出现时间(月-日)(T时:分)	最大流量/(m³/s)	出现时间(月-日)(T时:分)	最高水位/m	出现时间(月-日)	最大流量/(m³/s)	出现时间(月-日)	最高水位/m	出现时间(月-日)	最大流量/(m³/s)	出现时间(月-日)	最高水位/m	出现时间(月-日)	最大流量/(m³/s)	出现时间(月-日)	最高水位/m	出现时间(月-日)	最大流量/(m³/s)	出现时间(月-日)	最高水位/m	出现时间(年-月)	最大流量/(m³/s)	出现时间(年-月)
沂河	临沂	64.12	08-14 T18:46	10 900	08-14 T18:46	65.17	08-14 T18:00	10 600	08-14	64.34	08-05	8 140	08-05	61.73	07-10	8 050	07-10	62.28	08-11	7 300	08-11	65.65	1957-07	15 400	1957-07
分沂入沭	彭道口闸(下)	61.74	08-14 T19:00	3 290	08-14 T19:00	58.83	08-14 T19:00	3 130	08-14	58.06	08-05	1 860	08-05	57.72	07-10	983	07-10	59.56	08-11	1 420	08-11	60.48	1957-07	3 180	1957-07
沂河	港上	34.99	08-15 T06:05	7 400	08-15 T06:05	35.59	08-15 T04:10	6 380	08-14	35.04	08-06	5 370	08-06	33.54	07-10	4 860	07-10	33.79	08-12	5 550	08-12	35.59	1974-08	7 800	1960-08
新沭河	新沭河(下)	56.71	08-15 T01:42	6 700	08-15 T01:42	54.69	08-15 T01:42	4 250	08-14	49.48	08-05	1 570	08-05	49.91	07-10	1 970	07-10	51.77	08-11	4 020	08-11	56.51	1962-07	4 250	1974-08
老沭河	人民胜利堰闸(下)	56.84	08-15 T01:42	2 770	08-15 T01:42	54.32	08-15 T01:42	1 150	08-14	52.56	08-05	348	08-05	50.44	07-10	910	07-10	49.58	08-11	603	08-11	54.32	1974-08	2 410	1962-07
老沭河	新安	29.07	08-15 T12:45	2 090	08-15 T12:45	30.48	08-15 T12:45	3 320	08-14	28.16	08-06	1 390	08-06	27.73	07-24	712	07-11	27.76	08-17	896	08-12	30.94	1950-08	3 320	1974-08
中运河	中运河	24.56	08-09 T10:00	2 530	08-09 T10:00	26.42	08-09 T02:00	3 790	08-15	25.62	08-07	1 740	08-07	23.15	07-11	825	07-11	24.65	08-13	2 990	08-12	26.42	1974-08	3 790	1974-08
骆马湖	洋河滩	23.24	08-22 T09:00	51.3	08-22 T09:00	25.47	06-16	—	08-16	23.56	11-17	157	11-17	23.65	09-07	129	09-07	23.72	08-13	—	—	25.47	1974-08	784	1957-07
新沂河	嶂山闸(下)	23.30	08-20 T23:30	5 520	08-20 T23:30	22.98	08-14 T15:00	5 760	08-16	21.50	08-05	3 500	08-05	19.28	07-12	3 070	07-11	20.24	08-11	5 020	08-11	22.98	1974-08	5 760	1974-08
新沂河	沭阳	10.39	08-16 T02:00	4 860	08-16 T02:00	10.76	08-15 T06:00	6 900	08-16	10.45	08-06	4 560	08-06	9.74	07-11	3 610	07-11	11.31	08-12	5 900	08-12	11.31	2019-08	6 900	1974-08

第 4 章　水利工程运用对洪水的影响

4.1　水库拦洪与削峰效果

2020 年 8 月 14 日沂沭河暴雨洪水期间,主要有田庄、岸堤、陡山等 12 座大型水库进行了拦蓄,最大拦蓄洪量约 3.6 亿 m³。岸堤水库入库洪峰 4 740 m³/s,陡山水库入库洪峰 2 700 m³/s,相应削峰率分别为 78.5% 和 61.5%。

2020 年洪水期间沂沭泗水系主要大型水库拦洪与削峰效果统计见表 4-1。

表 4-1　2020 年洪水期间沂沭泗水系主要大型水库拦洪与削峰效果统计

河名	水库名	入库洪水起讫时间(月-日)	洪水总量/亿 m³		占入库洪水总量/%	入库洪峰		出库最大流量		削减洪峰流量/(m³/s)	占入库洪峰流量/%
			入库	最大拦蓄		流量/(m³/s)	时间(月-日 T 时:分)	流量/(m³/s)	时间(月-日 T 时:分)		
沂河	田庄	08-13~08-17	0.19	0.1	52.6	250	08-13T23:30	261	08-20T05:36	-11	—
沂河	跋山	08-13~08-17	0.82	0.38	46.3	530	08-13T21:00	702	08-26T05:40	-172	—
东汶河	岸堤	08-13~08-17	2.54	1.08	42.5	4 740	08-14T02:00	1 020	08-14T10:42	3 720	78.5
浚河	唐村	08-13~08-17	0.09	0.03	33.3	60	08-14T08:00	48.6	08-14T19:06	11.4	19.0
温凉河	许家崖	08-13~08-17	0.30	0.25	83.3	404	08-14T14:00	135	08-08T02:00	269	66.6
沭河	沙沟	08-13~08-17	0.06	0.04	66.7	40	08-13T22:00	42.4	08-08T00:00	-2.4	—
沭河	青峰岭	08-13~08-17	0.38	0.17	44.7	809	08-14T00:00	153	08-14T08:00	656	81.1
袁公河	小仕阳	08-13~08-17	0.23	0.08	34.8	420	08-14T00:00	112	08-14T05:00	308	73.3
浔河	陡山	08-13~08-17	1.19	0.56	47.1	2 700	08-14T10:30	1 040	08-14T17:00	1 660	61.5
青口河	小塔山	08-13~08-17	0.13	0.05	38.5	90	08-14T16:00	145	08-07T17:00	-55	—
傅疃河	日照	08-13~08-17	0.58	0.07	12.1	707	08-14T09:00	608	08-14T19:00	99	14.0
新沭河	石梁河	08-13~08-17	7.64	0.82	10.7	6 650	08-15T00:00	4 790	08-15T09:40	1 860	28.0

4.2 对下游控制站洪水影响

本节主要分析沂河、沭河上游大型水库调蓄运用对下游控制站的影响。

采用的分析方法:以反推入库洪水(由出库流量与水库蓄变量推求)作为水库不拦蓄情况下的坝址洪水过程;用马斯京根河道流量演算方法,分别将水库的入库洪水和实测出库洪水过程演算至下游控制站,按下式计算下游控制站在水库不拦蓄情况下的还原洪水过程。

$$Q_{\text{下,还原}} = Q_{\text{下,实测}} + Q_{\text{入库演算}} - Q_{\text{出库演算}} \tag{4-1}$$

式中:$Q_{\text{下,还原}}$为水库不拦蓄情况下下游控制站的流量;$Q_{\text{下,实测}}$为水库下游控制站实测流量;$Q_{\text{入库演算}}$为入库洪水演算至下游控制站的流量;$Q_{\text{出库演算}}$为实测出库洪水演算至下游控制站的流量。

计算中,假定流量能够完全沿河道下泄。

马斯京根河道流量演算参数,采用《淮河流域沂沭泗水系实用水文预报方案》等现行水文预报方案中已有的分析成果。

4.2.1 沂河大型水库对葛沟站、临沂站洪水的影响

沂河临沂上游建有 5 座大型水库,分别为沂河干流田庄水库、跋山水库、东汶河岸堤水库、浚河唐村水库、温凉河许家崖水库,合计控制流域面积 4 316 km²,占临沂站以上流域面积的 41.8%。5 座大型水库的总库容为 18.2 亿 m³,防洪库容 8.10 亿 m³。

2020 年 8 月 13~14 日,岸堤水库出现一次大洪水过程,入库洪峰流量达 4 740 m³/s(8 月 14 日 2 时),田庄水库、跋山水库和许家崖水库均有一次小洪水过程,入库洪峰流量分别为 250 m³/s、530 m³/s 和 404 m³/s,唐村水库未有明显来水。为减轻下游沂河防洪压力,水库进行了控制运用,特别是岸堤水库进行了充分拦洪错峰调度,最大出库时刻推后 10 h,出库洪峰流量压减至 1 070 m³/s(8 月 14 日 12 时)。经水库调蓄,沂河葛沟站、临沂站洪峰流量分别减少 1 880 m³/s、3 400 m³/s,见表 4-2。

表 4-2 沂河大型水库拦蓄对葛沟、临沂站洪峰影响统计

站名	洪水起迄时间(月-日)	水库不调蓄的还原洪水			经水库调蓄后的实测洪水			削减洪峰流量		降低洪峰水位/m
		最大流量		最高水位/m	最大流量		最高水位/m	流量/(m³/s)	削峰率/%	
		流量/(m³/s)	出现时间(月-日 T 时:分)		流量/(m³/s)	出现时间(月-日 T 时:分)				
葛沟	08-13~08-17	8 200	08-14T12:00	93.60	6 320	08-14T12:08	92.30	1 880	22.9	1.30
临沂	08-13~08-18	14 300	08-14T20:00	66.20	10 900	08-14T19:07	64.12	3 400	23.8	2.08

4.2.2 沭河大型水库对重沟站洪水的影响

沭河上游建有大型水库 4 座,分别为沭河沙沟水库、青峰岭水库、袁公河小仕阳水库、浔河陡山水库,大型水库合计控制流域面积 1 482 km²,占沭河大官庄以上流域面积的 32.7%。其中,沙沟水库在青峰岭水库上游,为梯级水库。4 座大型水库的总库容为 9.27 亿 m³,防洪库容为 3.64 亿 m³。

2020 年 8 月 13~14 日,沭河陡山水库出现一次较大入库洪水过程,入库洪峰流量为 2 700 m³/s(14 日 10 时 30 分),青峰岭水库、小仕阳水库分别出现一次明显入库洪水过程,入库洪峰流量分别为 809 m³/s、420 m³/s,沙沟水库未有明显来水。为减轻下游沂河防洪压力,水库进行了控制运用。经水库调蓄,沭河重沟站洪峰流量减少 1 564 m³/s,见表 4-3。

表 4-3 沭河大型水库拦蓄对重沟站洪峰影响统计

站名	洪水起迄时间(月-日)	水库不调蓄的还原洪水			经水库调蓄后的实测洪水			削减洪峰流量		降低洪峰水位/m
		最大流量		最高水位/m	最大流量		最高水位/m	流量/(m³/s)	削峰率/%	
		流量/(m³/s)	出现时间(月-日T时:分)		流量/(m³/s)	出现时间(月-日T时:分)				
重沟	08-13~08-17	7 514	08-14T20:00	61.2	5 950	08-14T19:00	60.26	1 564	20.8	0.94

第 5 章　水文测验及情报预报

5.1　水文测验

流量测验大多数采用缆道流速仪法,同时使用多普勒流速剖面仪(Acoustic Doppler Current Profilers,ADCP)进行监测。各站密切注意水情变化,按照相关规范和防汛部门的要求进行观测、收集、传递洪水信息。少数站针对出现的特殊水情,及时调整和增加测验内容。

为及时掌握沂沭河洪水的流量变化,及时开展水文监测,水文测验人员顺利完成洪水期间的水文测验工作,完整地测到洪水过程。沂河临沂站 8 月 13~15 日的 3 d 中,共实测流量 13 次;沂河堰上站 8 月 13~16 日的 4 d 中,共实测流量 27 次,其中 14 日 1 d 实测流量 14 次。沭河重沟水文站作为国家基本水文站,是大官庄枢纽洪水调度的重要控制站,7 月实测流量 26 次,8 月实测流量 48 次,其中 8 月 13~14 日 2 d 中实测流量高达 14 次,大量测验信息在下游大官庄枢纽的洪水预报调度中发挥了关键作用。新沂河沭阳站 8 月 14~17 日 4 d 中,共实测流量 16 次。

水文测验人员熟练掌握测验仪器设备的使用,面对大洪水克服时间紧、测验环境复杂等困难,做足安全生产准备,科学确定监测方案,合理安排测流频次,为沂沭泗水系防汛调度提供及时准确的水文监测信息。

5.2　水文气象情报

汛期,沂沭泗水利管理局水文局(信息中心)设有水情值班室,24 h 值守,接收各类水情信息。根据接收到的信息编制日、旬、月报表,场次洪水水情简报、分析报告,周、月水情小结等,为各级防汛决策部门提供所需的水雨情信息、水文预报成果和洪水调度建议。汛期结束后,水情人员对汛期水情工作进行总结,撰写汛期水情分析总结等。共发布水情短信 4 000 余条,编写《沂沭泗水情分析》21 期、《沂沭泗水情周报》15 期,编写《沂沭泗流域二〇二〇年汛期水情总结》《2020 年"8·14"沂沭泗河暴雨洪水概况与特点》《2020 年沂沭泗河洪水预报及思考》等多份专题分析材料和总结,充分发挥了水文的服务功能,收到了较好的社会效益,扩大了水文的影响力。

5.3　水文气象预报

为积极应对严峻的防汛形势,沂沭泗水利管理局水文局及时滚动发布洪水预报成果,关键洪水预报发挥重大作用。8 月 13~14 日,沂沭河出现强降雨过程,沂沭泗水系发生了 1960 年以来最大洪水。沂沭泗水利管理局水文局(信息中心)水情人员密切监视雨水情变化,及时滚动预报,较早较快地预报沂河临沂站洪峰流量 11 000 m³/s 左右,沭河重沟站洪峰流量 6 000 m³/s 左右,与实测值误差在 1% 以内。2020 年,沂沭泗水利管理局水文局(信息中心)对沂河临沂站、沭河重沟站等重要控制站进行 12 站次主要作业预报,合格率为 91.7%,优良率达到了 83.3%。其中,对沂河临沂站进行的 6 次洪水预报,优良率为 83.3%;对沭河重沟站进行的 6 次洪水预报,优良率为 83.3%,为沂河沭水系的精准调度提供了可靠依据,及时避免了邳苍分洪道的启用,实现了人员伤亡、工程重大险情"双零"目标,经济社会效益显著。

5.3.1　水文预报

2020 年 8 月 13 日夜,沂沭河地区突降大暴雨,14 日白天,暴雨落区仍稳定不衰。水文气象人员根据当日天气形势和雨水工情连续滚动预报 10 余次,水文预报工作在沂沭河流域防汛调度以及水资源合理利用等方面发挥了重要作用。

5.3.1.1　沂河水系

8 月 14 日 6 时,沂河临沂站以上平均降水量已达 110.5 mm,根据降水及实时水情,预报临沂站将发生明显洪水过程。14 日 8 时,根据实时降水情况,预报认为临沂站以上将于当日 18 时出现洪峰流量约 7 200 m³/s、堰上站 22 时出现洪峰流量约 4 500 m³/s。同时,考虑 14 日白天仍有 30 mm 降水,预报认为临沂站洪峰流量将增大至 8 000 m³/s。14 日 8~10 时,临沂站以上降水 11.4 mm,落区仍位于沂河中游地区,10 时进行滚动预报认为临沂站洪峰流量将达到 8 500 m³/s。14 日 8~12 时,临沂站以上降水 22.1 mm,暴雨落区有向中下游扩张趋势,沂河上游支流蒙河高里站于 11 时前后已出现洪峰流量 3 960 m³/s、沂河上游葛沟站 12 时流量 5 910 m³/s,预报认为基本接近洪峰值。12 时,滚动预报认为临沂站洪峰流量将达到 10 000 m³/s。14 日 8~14 时,临沂站以上降水 30.4 mm,暴雨落区扩张至临沂站以上周边地区,沂河上游葛沟站 12 时 8 分出现洪峰流量 6 320 m³/s,预报认为祊河姜庄湖站流量将超 2 000 m³/s。14 时,滚动预报认为临沂站洪峰流量将达到 11 000 m³/s。8 月 14 日 8~16 时,临沂站以上降水 34.3 mm,较 14 时变化较小,预报认为临沂站洪峰量级仍为 11 000 m³/s。(临沂站实测洪峰流量为 18 时 10 900 m³/s。)

5.3.1.2　沭河水系

8 月 14 日 6 时,沭河大官庄(总)站以上平均降水量已达 114.5 mm,根据降水及实时水情,预报重沟站将发生明显洪水过程。14 日 8 时,根据实时降水情况,预报认为沭河重沟站将于当日 18 时出现洪峰流量约 4 000 m³/s。同时,考虑 14 日白天仍有 30 mm 降水,预报认为重沟站洪峰流量将达到 4 600 m³/s。14 日 8~10 时,大官庄(总)站以上降水

21.9 mm,落区仍位于沭河中游地区,10 时进行滚动预报认为重沟站洪峰流量将达到 4 500 m³/s。14 日 8~12 时,大官庄(总)站以上降水 44.1 mm,暴雨落区仍稳定于沭河石拉渊站上游周边地区,12 时滚动预报认为重沟站洪峰流量将达到 5 000 m³/s。14 日 8~14 时,大官庄(总)站以上降水 53.9 mm,暴雨中心仍稳定于石拉渊站上游周边一带,14 时滚动预报认为重沟站洪峰流量将达到 5 500 m³/s,峰现时间推迟至 20 时左右。8 月 14 日 8~16 时,大官庄(总)站以上降水 68.8 mm,暴雨中心有向上游发展趋势,预报认为重沟站洪峰量级仍为 5 500 m³/s 左右。8 月 14 日 8~18 时,大官庄(总)站以上降水 77.5 mm,暴雨中心仍在沭河中游一带,18 时滚动预报认为重沟站洪峰量级将达到 6 000 m³/s。(重沟站实测洪峰流量为 19 时 5 950 m³/s。)

由于此次暴雨稳定于沭河石拉渊站一带,石拉渊站 14 日 14~19 时的 5 h 内流量稳定在 3 330~3 550 m³/s 波动。山区性河流如此长时间稳定的洪峰"戴帽"现象,大大加大了下游重沟站洪峰预报难度。

5.3.2　气象预报

8 月 13 日 8 时,500 hPa 天气图上西伯利亚为强大的阻塞高压,蒙古国东部的切断低压东移过程中发展为蒙古气旋,副高稳定而强大,588 线北界位于流域北部边缘,并在我国东北地区伸出高压脊。分析气旋后部冷空气将与副高外围的暖湿气流交汇于沂沭泗水系,预报 13 日临沂大官庄以上面雨量 15~25 mm,南四湖区面雨量 10~20 mm,邳苍区位置偏南预报 5~10 mm,流域淮河以北其他地区午后至晚间可能有短时阵雨,预报 0~5 mm。预报 14 日切断低压东移,低槽入海,流域北部处副高边缘多阵雨或雷雨,北部地区预报面雨量 0~5 mm。

实况 13 日午后,随着气旋后部冷槽逐渐东移,山东北部至渤海湾形成旺盛的对流云团,晚间云团逐步移入沂沭河上游,由于副高强而稳定,雨带始终停留在沂沭河中上游,同时沂沭河位于低空急流输送带上,加上特殊的地形作用,使得局地小尺度对流系统不断生成和发展,形成持续性强降水。沂沭河中上游普降暴雨到大暴雨,临沂站附近降了特大暴雨,沂河临沂站以上面雨量 123 mm,沭河大官庄(总)站以上面雨量 129 mm。

对比 13 日的降水预报和实况,虽然对降水落区有正确估计,但对降水强度估计严重不足,漏报了极端强降水,对强降水发生的可能性也未有提示。

8 月 14 日 9 时,淮河水利委员会防汛会商会上,分析切断低压发展加深,移至我国东北,西风带低槽位于东北地区南部,冷空气沿偏东路径南下,西南低空急流维持,冷暖空气交汇区域仍然位于沂沭河中上游。预报临沂大官庄(总)站以上面雨量 30~40 mm,南四湖区面雨量 15~25 mm,邳苍区面雨量 5~15 mm。

实际 14 日 8 时后,沂沭河上中游雨区位置几乎不变,降水强度维持不衰,15 时之后降水强度减弱,18 时基本结束。同时,受华北南部又一股冷空气影响,泗河附近新生对流云团,引发当地强降水。夜间系统有所北抬,雨带随之北抬移出流域。14 日,沂沭河、泗河普降大到暴雨,沂沭河中游降了大暴雨,临沂站以上面雨量 45 mm,大官庄(总)站以上面雨量 79 mm,南四湖区面雨量 11 mm,邳苍区面雨量 11 mm。

对比 14 日的降水预报和实况,再次低估了沂沭河的降水强度,主要原因是对强降水持续时间把握不足,预计沂沭河上中游的降水将在中午前后结束,实况是 18 时左右结束。另一个不足是空间分布,沭河降水明显强于沂河,沂沭河中上游作为分区单元难以满足预报需求。

此次沂沭河极端降水过程的预报存在很多不足。首先,对副高强度、位置和形态的分析不足,副高强而稳定,冷槽南压时,副高北界南落幅度极小,使得沂沭河仍然处于副高边缘,雨带位置保持稳定。副高向我国东北伸出高压脊,蒙古气旋受其阻挡移动缓慢,后部不断有冷空气南下影响沂沭河,造成冷暖空气持续交汇。其次,对沂沭河特殊的地理位置和地形认识不足,夏季东路冷空气常常经渤海湾南下影响山东半岛,在没有低涡、切变线等天气系统的情况下带来强降水,沂蒙山区的地形具有降水增幅效应,预报降水应当充分考虑地形作用。再次,此次过程主要是中尺度对流系统不断生成发展给沂沭河中上游带来的强降水,根据天气图分析降水系统难以把握中尺度系统的发生发展,并且目前业务主要应用全球数值模式产品,对中小尺度系统的预报能力偏弱,将来需发展和引进中尺度区域数值模式产品,提升对局部对流性降水的预报能力。

第6章　专题分析

6.1　沂河临沂至骆马湖湖口段行洪能力分析

沂河发源于山东省沂蒙山的鲁山南麓,南流经沂源、沂水、沂南、兰山、河东、罗庄、苍山、郯城、邳州、新沂等县(市、区),在江苏省新沂苗圩入骆马湖。较大支流有东汶河、蒙河、祊河、白马河等,大部分由右岸汇入。沂河源头至骆马湖,河道全长333 km,流域面积1.18万 km²。沂河在彭家道口向东辟有分沂入沭水道,分沂河洪水入沭河;在江风口辟有邳苍分洪道,分沂河洪水入中运河。

沂河干流中下游临沂至骆马湖湖口段设有4个水文站及1个水位站,本次分析选取临沂站、堰上站以及苗圩站作为行洪能力分析代表站。

6.1.1　临沂站

6.1.1.1　测站概况

临沂站是沂河干流控制站,设立于1950年3月,位于东经118°24′、北纬35°01′。1973年冬以前,集水面积为10 305 km²。1973年冬农田改造,从泗水县截入10 km²,自此集水面积为10 315 km²。临沂站以上河道干流长227.8 km,平均坡度0.96‰,流域形状呈扇形。2005年6月1日断面上迁800 m至今。

临沂站警戒水位64.05 m,保证水位65.65 m。实测最高水位65.65 m,最大流量15 400 m³/s,均出现在1957年7月19日。

2020年临沂站实测最大流量10 900 m³/s(8月14日),对应最高水位64.12 m,为1960年以来最大流量,列历史第3位。

6.1.1.2　断面变化分析

自2012年开始,受河道禁止采砂及其他影响,临沂站基本断面除中泓处略有下切外,其他位置均略有抬高。在警戒水位64.05 m时,2019年汛后断面过水面积较2018年汛后断面过水面积增加4.01%,较2012年汛后断面过水面积减少1.42%,见图6-1和表6-1。

河底最低点高程有所起伏,2019年河底最低点高程(55.16 m)较2012年(55.43 m)降低0.27 m,较2018年(54.60 m)抬高0.56 m。

6.1.1.3　水位流量关系分析

临沂站典型年水位流量关系线见图6-2。从图6-2中可以看出,1957年水位流量呈稳定的单一曲线关系,1974年、2012年、2019年、2020年水位流量呈绳套关系。2012年以来,临沂站同水位下流量大于1974年、1957年流量。临沂站水位为64.05 m(警戒水位)时,1957年流量为6 980 m³/s(涨落水平均,下同),1974年流量为6 720 m³/s,2020年流量为10 800 m³/s,分别较警戒流量小20 m³/s、小280 m³/s、大3 800 m³/s;流量为7 000

m³/s(警戒流量)时,1957 年水位为 64.06 m,1974 年水位为 64.15 m,2020 年水位为 62.19 m,分别较警戒水位抬高 0.01 m、抬高 0.10 m、降低 1.86 m,临沂站行洪能力较 1974 年以前明显提高。

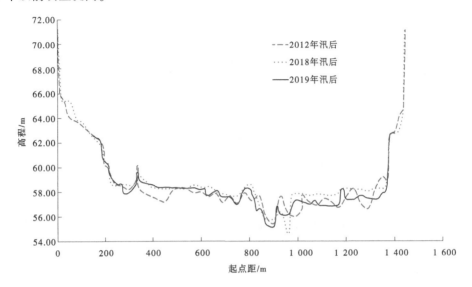

图 6-1　临沂站基本水尺断面

表 6-1　临沂站典型年水位面积对比

水位/m	面积/m²			2019 年与 2012 年相比面积减少/%	2019 年与 2018 年相比面积增加/%
	2012 年	2018 年	2019 年		
64.05	7 755	7 350	7 645	1.42	4.01

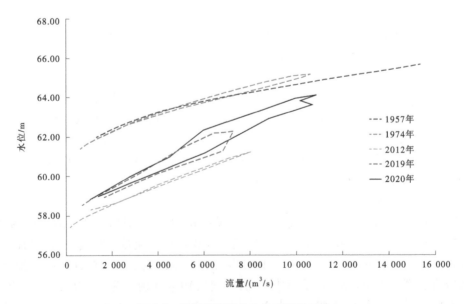

图 6-2　临沂站典型年水位流量关系线

临沂站 50 年一遇设计水位为 66.56 m(56 黄海基面),设计流量为 16 000 m³/s。根据 2020 年临沂站水位流量关系线,并做适当外延,可推算临沂站水位 66.56 m 时的流量约为 18 000 m³/s,较设计流量大 2 000 m³/s;流量为 16 000 m³/s 时,水位约为 65.50 m,较设计水位低 1.06 m,较设计防洪标准,行洪能力显著提高。

6.1.2　沂河堨上站

6.1.2.1　概述

堨上站位于沂河干流,上游距临沂站 69 km,下游距入骆马湖河口 38 km,测站以上流域面积 10 522 km²。1972 年建站,测验河段为复式河床断面,2012 年主河槽宽 438 m,两岸有滩地,左岸滩地宽 17 m,高程 34.5 m;右岸滩地宽 350 m,高程 34 m 左右。

测站历史最大洪水发生在 1960 年 8 月 17 日,最大流量 7 800 m³/s;1974 年 8 月 14 日出现最高水位,为 35.59 m,相应最大流量 6 380 m³/s。

2020 年堨上站实测最大流量 7 400 m³/s(8 月 15 日),实测最高水位 34.99 m(8 月 15 日),超警戒水位 1.49 m,为 1960 年以来最大流量,列历史第 2 位。

6.1.2.2　断面变化分析

堨上站自 1972 年建站以来,河道断面呈逐年下切趋势,断面形状也从 1972 年的三角形演变到 2019 年的梯形。

河底宽度逐年增加并趋于稳定,断面最低点高程逐年下降趋于稳定。1974 年河底宽度 127 m,最低点高程 28.4 m;2012 年河底宽度 341 m,最低点高程 26.45 m;2018 年河底宽度 345 m,最低点高程 25.71 m;2019 年河底宽度 348 m,最低点高程 25.79 m。

过水面积逐年增加。水位为 34.00 m 时,1974 年断面面积为 1 520 m²,2012 年断面面积为 2 640 m²,2018 年断面面积为 2 666 m²,2019 年断面面积为 2 715 m²。水位为 34.00 m 时,2019 年与 1974 年、2012 年、2018 年相比,断面面积分别增加了 78.6%、2.8%、1.8%,见图 6-3 和表 6-2。

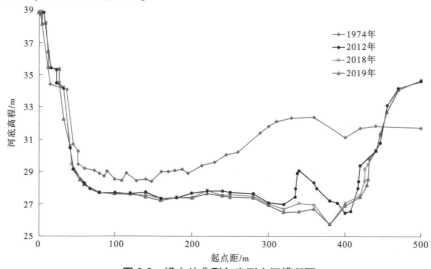

图 6-3　堨上站典型年实测主河槽断面

表 6-2 堰上站典型年水位面积对比

水位/ m	面积/m²				2019 年断面面积与各年相比		
	1974 年	2012 年	2018 年	2019 年	与 1974 年相比增加/%	与 2012 年相比增加/%	与 2018 年相比增加/%
34.00	1 520	2 640	2 666	2 715	78.6	2.8	1.8

6.1.2.3 水位流量关系分析

堰上站典型年水位流量关系线见图 6-4。从图 6-4 中可以发现,堰上站同水位流量呈现逐年增加的趋势。水位为 33.50 m(警戒水位)时,2020 年对应流量 5 760 m³/s(涨落水平均,下同),较 1974 年、1993 年、2012 年、2019 年流量分别增加 125.0%、82.9%、19.5%、11.4%;水位为 34.00 m 时,2020 年对应流量 6 300 m³/s,较 1974 年、1993 年、2012 年、2019 年流量分别增加 110.0%、70.3%、14.5%、5.0%(见表 6-3)。

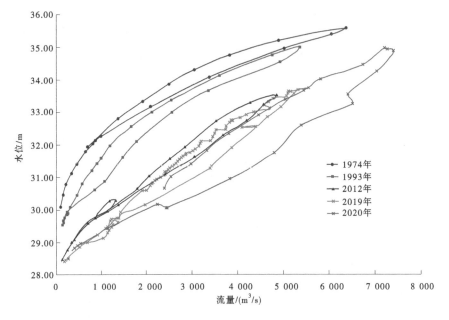

图 6-4 堰上站典型年水位流量关系线

表 6-3 堰上站各级水位下流量比较

水位/ m	流量/(m³/s)					2020 年与 1974 年相比流量增加		2020 年与 1993 年相比流量增加		2020 年与 2012 年相比流量增加		2020 年与 2019 年相比流量增加	
	1974 年	1993 年	2012 年	2019 年	2020 年	流量/ (m³/s)	%	流量/ (m³/s)	%	流量/ (m³/s)	%	流量/ (m³/s)	%
33.50	2 560	3 150	4 820	5 170	5 760	3 200	125.0	2 610	82.9	940	19.5	590	11.4
34.00	3 000	3 700	5 500	6 000	6 300	3 300	110.0	2 600	70.3	800	14.6	300	5.0

堰上站 50 年一遇设计水位为 36.32 m(56 黄海基面),设计流量为 8 000 m³/s。根据 2020 年堰上站水位流量关系线,并做适当外延,可推算堰上站水位为 36.32 m 时的流量约为 9 000 m³/s,较设计流量大 1 000 m³/s;流量为 8 000 m³/s 时,水位约为 35.23 m,较

设计水位低 1.09 m,较设计防洪标准,堰上站行洪能力显著提高。

6.1.3　沂河苗圩站

6.1.3.1　**概述**

苗圩站位于沂河干流入骆马湖河口处。该站于 1966 年建站,1995 年断面上迁 1 250 m,2000 年回迁至原断面位置(当前位置)。

1999~2000 年,沂河干流江苏段实施东调南下 20 年一遇治理 I 期工程,工程包括徐海公路坝拆除、堰头以下段 6.6 km 中泓开挖等项目内容;2008~2009 年,实施东调南下 20 年一遇续建工程(Ⅱ期工程),工程包括华沂漫水坝闸改桥、华沂坝至铁路桥段 4.8 km 中泓开挖、沂河入湖口段(以苗圩站为起点)4.9 km 中泓开挖等项目。

6.1.3.2　**堰上站洪峰流量和苗圩站洪峰水位对比分析**

苗圩站无流量资料,由于堰上站—苗圩站区间集水面积占流域总集水面积比例较小,堰上站洪峰流量和苗圩站洪峰水位有较好的对应关系,可据此作为参考,同时根据苗圩站洪峰出现时骆马湖洋河滩站水位对苗圩站水位顶托的影响,分析沂河入湖口段的河道行洪能力变化情况。

1995~1999 年,苗圩站上迁 1 250 m,根据上游华沂站和苗圩站水位,采用比降法将苗圩站洪峰水位改正到现断面。

采用 1974~2020 年堰上站洪峰流量资料和对应的苗圩站洪峰水位资料进行分析。可以分为 1974~1999 年、2000~2008 年和 2009~2020 年 3 个时期。

堰上站洪峰流量和苗圩站洪峰水位关系图中点据较为散乱,苗圩站洪峰水位在 25.00 m 以下时,3 个时期的点据基本一致,没有很明显的差异。但是高水时期,各时期同水位下的流量差别较为明显。虽然相关关系不是很好,但为便于分析,仍将各个时期的点据分别定线。苗圩站水位为 25.50 m 时,1974~1999 年堰上站流量为 4 750 m³/s 左右,2000~2008 年堰上站流量为 3 200 m³/s 左右,2009~2020 年堰上站流量为 7 740 m³/s 左右。

苗圩站位于沂河干流入骆马湖河口处,影响水位的因素很多,比如洪水特性、下游骆马湖的水位顶托、生物阻水、河道治理等,因此仅以堰上站的洪峰流量和苗圩站洪峰水位的对比关系,还不足以完全说明沂河入骆马湖处的河道行洪能力,需要做进一步的分析研究。

苗圩站洪峰水位–堰上站洪峰流量相关关系见表 6-4、图 6-5;苗圩站洪峰水位–洋河滩站水位相关关系见表 6-5。

6.1.4　行洪能力分析

临沂站行洪能力显著提高。临沂站 50 年一遇设计水位为 66.56 m(56 黄海基面),设计流量为 16 000 m³/s。根据 2020 年临沂站水位流量关系线,并做适当外延,推算得到临沂站水位为 66.56 m 时的流量约为 18 000 m³/s,较设计流量大 2 000 m³/s;流量为 16 000 m³/s 时,水位约为 65.50 m,较设计水位低 1.06 m。

堰上站行洪能力显著提高。堰上站 50 年一遇设计水位为 36.32 m(56 黄海基面),设计流量为 8 000 m³/s。根据 2020 年堰上站水位流量关系线,并做适当外延,推算得到堆上站水位 36.32 m 时的流量约为 9 000 m³/s,较设计流量大 1 000 m³/s;流量为 8 000 m³/s 时,水位约为 35.23 m,较设计水位低 1.09 m。

表 6-4　苗圩站洪峰水位-堆上站洪峰流量相关关系

苗圩站水位/m	堆上站流量		
	1974~1999 年/(m³/s)	2000~2008 年/(m³/s)	2009~2020 年/(m³/s)
23.50	800	800	—
24.00	1 700	1 300	—
24.50	2 750	2 000	2 730
25.00	3 750	2 600	5 230
25.50	4 750	3 200	7 730
26.00	5 800	3 800	10 230

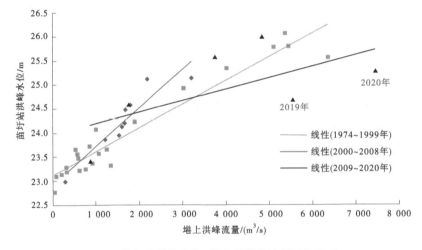

图 6-5　苗圩站洪峰水位-堆上站洪峰流量相关关系

表 6-5　苗圩站洪峰水位-洋河滩站水位相关关系

时间 (年-月-日)	堆上站洪峰流量/ (m³/s)	苗圩站洪峰水位/ m	洪水前洋河滩站 水位/m	苗圩站洪峰时 洋河滩站水位/m
2012-07-10	4 850	25.98	21.40	22.09
2018-08-29	2 190	23.19	22.90	23.15
2019-08-12	5 550	24.68	22.33	22.89
2020-08-15	7 400	25.27	22.27	22.33

近年来,苗圩站行洪能力呈提高趋势,但仍未到设计标准。2020 年,堆上站洪峰流量 7 400 m³/s,苗圩站洪峰水位为 25.27 m。2020 年与 2012 年相比,堆上站洪峰流量增加 2 550 m³/s,苗圩站洪峰水位下降 0.71 m;根据沂沭泗河东调南下续建工程初步设计资料,50 年一遇洪水苗圩站设计水位为 25.26 m,对应流量 8 000 m³/s,苗圩站设计水位下,

2020 年对应流量 7 450 m³/s,较设计水位对应流量小 550 m³/s。

6.2　沭河浔河口至石拉渊段河道行洪情况分析

2020 年 8 月 13~14 日,受副高边缘暖湿气流和冷空气的共同影响,沭河流域出现强降水过程。受强降水影响,沭河流域发生较大洪水,沭河重沟站 8 月 14 日 19 时实测洪峰流量 5 950 m³/s,列沭河 1950 年有连续实测资料以来第 1 位。在洪水过程中发现:沭河浔河口至石拉渊段最高水位与石拉渊设计工况、报汛水位、洪峰流量数据均有一定偏差,因此对该段河道进行行洪情况分析。

6.2.1　沭河流域

沭河发源于沂蒙山区的沂山南麓,全长 300 km,流域面积 6 400 km²。沭河自源头至大官庄水利枢纽(简称大官庄枢纽)河道长 196.3 km,流域面积 4 519 km²。沭河在大官庄枢纽分两支:一支南下为老沭河,在江苏省新沂市口头入新沂河,进口处建有人民胜利堰节制闸,设计流量 2 500 m³/s;另一支东行称新沭河,是沭河及沂河东调洪水经石梁河水库于临洪口入海的主要水道,入口处建有新沭河泄洪闸,设计流量 6 000 m³/s。

沭河干支流上游修建了沙沟、青峰岭、仕阳(原称小仕阳)、陡山 4 座大型水库和崮山、石苗子、石泉湖东、石泉湖西 4 座中型水库,总库容 10.63 亿 m³,控制流域面积 1 635 km²,占沭河大官庄枢纽以上流域面积的 36.2%。较大的支流有袁公河、浔河、高榆河、汤河等。

沭河浔河河口(69+800)—高榆河口(48+500)—汤河口(31+700)—沭河裹头(1+501)河道防洪标准分别为 5 000 m³/s、5 800 m³/s、8 150 m³/s,裹头以下承接分沂入沭来水,防洪标准为 8 500 m³/s。

大官庄枢纽上游 18 km 处建有重沟站,断面以上流域面积 4 511 km²,是沭河干流的主要控制站,其报汛数据主要用于大官庄枢纽的调度;大官庄枢纽以上 55 km 为石拉渊站,平时只进行水位观测,遇洪水时进行巡测;大官庄枢纽以上 67 km 建有河湾站(位于朱家庄橡胶坝上 100 m,桩号 67+000),只进行水位观测;大官庄枢纽以上 70 km 有赵家孟堰巡测站(位于浔河口上游 1 km,河道中泓桩号 70+830)。另外,沂沭泗水文局在许道口桥下、石拉渊坝上建有水位站。沭河浔河口—石拉渊段主要控制站见表 6-6,支流及工程情况见图 6-6。

表 6-6　沭河浔河口—石拉渊段主要控制站

位置	桩号	类型	说明
赵家孟堰巡测站	70+830	巡测	日照水文局巡测
河湾站	67+000	水位、人工	临沂水文局布设,朱家庄橡胶坝上 100 m
许道口桥下	61+000	水位、遥测	"8·14"洪水 21:00 以后基础松动
石拉渊坝上	54+870	水位、遥测	沂沭泗水文局布设
石拉渊坝下	54+700	水位、遥测	临沂水文局布设,"8·14"洪水淹没
石拉渊巡测站	54+580	巡测	临沂水文局巡测

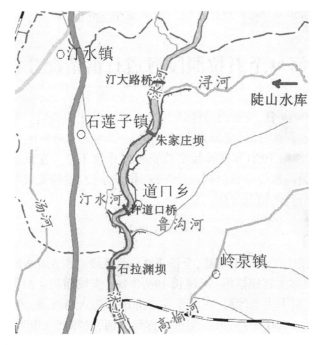

图 6-6 沭河浔河口—石拉渊段支流及工程情况

6.2.2 浔河口—石拉渊段河道及工程情况

沭河浔河口—石拉渊段,河道中泓桩号 69+800~54+700,长 15.1 km,防洪标准为 20 年一遇,相应流量 5 000 m³/s,设计洪水位 87.98~78.92 m,堤防按照安全超高 1.5 m 修筑。石拉渊橡胶坝以上 1.5 km 是沭河中下游最窄的河段,堤距只有 270 m。

该河段有浔河、汀水、鲁沟 3 条较大支流汇入,建有朱家庄橡胶坝(中泓桩号 66+900)、石拉渊橡胶坝(中泓桩号 54+798)2 座拦河坝。

浔河是沭河第一大支流,长 67.5 km,流域面积 532 km²。浔河干流建有陡山水库,控制流域面积 431 km²,水库总库容 2.97 亿 m³。陡山水库距离入沭河口 17.5 km,泄洪洪水传递时间约为 2 h。

汀水河位于沭河中泓桩号 59+600,长 23.5 km,流域面积 97.4 km²,发源于沂南县大庄镇李官庄村北,经莒县入莒南县境,于道口镇泱沟村东入沭河。源头高程 140 m,河口高程 75 m,平均坡降 1.93‰。汀水河口以上左右岸有 330 m 堤防。其中,右岸堤防以上为丘陵,左岸堤防以上无堤处高程 80.0~80.3 m。

鲁沟河位于沭河中泓桩号 57+750,是 1949 年后为解除县境西部平原内涝而开挖的一条人工河,长 16.5 km,流域面积 75.7 km²,源于莒南县大店镇将军山,于道口镇前介脉头村南入沭河。源头高程 150 m,河口高程 73 m,干流坡降 1.82‰。鲁沟河左岸有 1.1 km 堤防,堤防以上地面高程 80.6 m,右岸无堤,地面高程 79.0~80.7 m。

石拉渊橡胶坝位于沭河中泓桩号 54+798,工程主要由橡胶坝、调节闸、引水闸等组成。橡胶坝共 3 孔,单孔净跨 75 m,底板高程 72.2 m,高 5 m;调节闸位于橡胶坝右侧,共 3 孔,每孔净宽 6 m,闸底板高程 72.00 m;引水闸闸室共 3 孔,每孔净宽 2.5 m,孔口尺寸

2.5 m×2.5 m,闸室底板顶高程 72.20 m。工程设计洪水标准为 20 年一遇(P=5%),设计流量 5 000 m³/s,相应水位 79.04 m/78.92 m;50 年一遇洪水校核,校核流量 6 500 m³/s,相应水位 80.30 m/80.12 m(设计数据为 1985 黄海高程,报汛数据为冻结高程,换算关系为−0.191 m)。

6.2.3　主要洪水情况

6.2.3.1　洪峰流量大小的确定

由于暴雨作用,沭河中游发生较大洪水,主要洪水源自沭河支流宋公河、小店河、浔河、鲁沟河、汀水河、汤河、高榆河等。

据日照市水文局测流资料,赵家孟堰巡测站 8 月 14 日 11 时流量 3 400 m³/s 左右,17 时实测流量 3 190 m³/s,18 时实测流量 3 120 m³/s,21 时实测流量 2 810 m³/s。

赵家孟堰巡测站以下 1 km 为浔河口。浔河上的陡山水库处于本次暴雨中心,从 8 月 13 日 22 时开始降雨,到 18 时降水基本结束,降水总量达 460 mm,最大降水时段(6 时)降水 124 mm。受降水影响,陡山水库 14 日 2 时 30 分达到汛限水位 125.00 m,10 时 30 分达到最大入库流量 2 700 m³/s,18 时达到最高库水位 127.83 m。8 月 14 日 4 时水库开始泄洪,最开始泄量 103 m³/s,并逐步加大泄量,14 日 11 时至 15 日 0 时泄洪流量在 1 000 m³/s以上,最大泄洪流量 1 050 m³/s。陡山水库以下还有 101 km² 流域面积没有大中型水库控制,区间洪水流量 200～400 m³/s。

从赵家孟堰巡测站及陡山水库泄洪情况得出:浔河口 14 日 11 时流量应达到 4 000 m³/s,浔河口以下河湾站最高洪水位发生时间 8 月 14 日 14 时 30 分,水位 85.23 m,流量 4 600～4 800 m³/s。陡山水库水位泄量过程线见图 6-7。

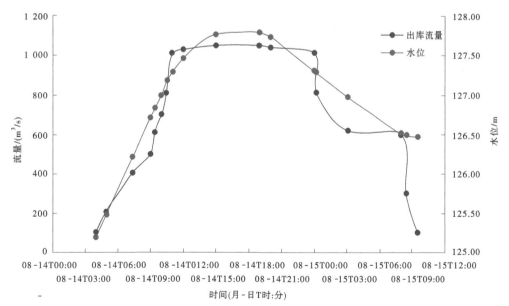

图 6-7　陡山水库水位泄量过程线

许道口桥—石拉渊段“8·14”洪水实测洪痕水位(见表 6-7)与该段沭河 20 年一遇洪

水位相比较,洪痕水位总体上略低于设计水位(见图 6-8),参考石拉渊断面水位流量关系曲线(见图 6-9),洪峰流量与前面分析的 4 600~4 800 m³/s 基本一致。

表 6-7　浔河口—石拉渊段洪痕水位记录

位置	中泓桩号	洪痕水位/ m	设计水位/ m	堤顶高程/ m	洪痕与设计 水位差/m
贾家庄排涵	54+700	79.29	78.92	80.32	+0.37
东野埠石站墙	56+700	81.26	81.53	82.90	−0.27
鲁南高铁桥墩	57+670	81.72	82.14	83.77	−0.42
鲁沟河口	57+750	81.71	82.19		−0.48
张界脉头穿涵	58+640	82.30	82.73	84.32	−0.42
汀水河口	59+600	83.26	83.34		−0.08
许道口桥墩	61+030	83.73	84.03	86.20	−0.30
中道口四孔闸	61+610	84.48	84.43	85.75	+0.05
砖疃过路闸	62+470	84.70	84.70	86.69	0
朱家庄橡胶坝引涵石护坡	67+100	85.32	86.59	87.89	−1.27
宣文岭五孔闸	67+620	86.35	86.87	88.48	−0.52
汀大路桥台阶	70+830	86.81	88.44		−1.63

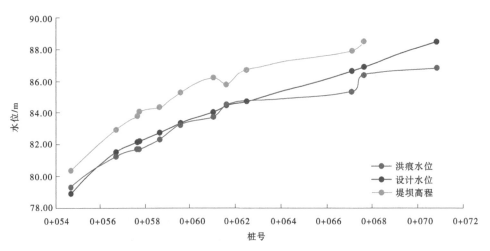

图 6-8　浔河口—石拉渊段设计水位、堤顶高程、洪痕水位线

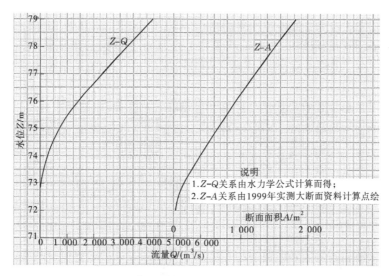

图 6-9　沭河石拉渊站水位流量关系曲线

6.2.3.2　洪水过程的确定

沭河"8·14"洪水过程主要依据沭河河湾站、许道口桥下遥测站、石拉渊坝上遥测站数据。

浔河口河湾水文站位于朱家庄橡胶坝上 100 m,河道中泓桩号 67+000,实测最高水位发生时间 8 月 14 日 14 时 30 分,洪峰水位 85.23 m。

许道口桥下水位遥测站位于许道口桥下 30 m,河道中泓桩号 61+000。该站 8 月 14 日 15 时 30 分最高水位 83.42 m。河湾站—许道口桥下距离 6 km,水力坡降 0.30‰,洪峰传递时间约为 1 h。

石拉渊坝上水位遥测站位于石拉渊坝上 70 m,8 月 14 日 16 时 20 分最高水位 79.43 m,许道口桥下—石拉渊坝上距离 6.13 km,水力坡降 0.57‰,洪峰传递时间为 50 min。

许道口大桥距汀水河口 1.43 km,洪峰传递时间约为 15 min;距鲁沟河口 3.28 km,洪峰传递时间约为 30 min。

6.2.4　支流漫溢情况

浔河口—石拉渊段的 3 条支流,浔河经过治理,两岸堤防完整,"8·14"洪水未发生漫溢,汀水河、鲁沟河由于没有堤防,洪水出现大面积漫溢。

6.2.4.1　汀水河

汀水河由于从河口桥向上只有 330 m 堤防,再向上游汀水河右岸为丘陵,左岸地面高程 80.0~80.3 m,河口处 2020 年 8 月 14 日最高洪水位为 83.26 m,比汀水河口桥水位低 3 m 左右。也就是说,从 8 月 14 日 8 时 18 分许道口桥下上涨至 80.42 m(洪峰水位以下 3 m),15 min 后,沭河洪水沿着汀水河开始从下游向上游漫溢,漫溢一直持续到 16 时左右。淹没区最高水位 83.42 m(比汀水河口桥水位略高)。

据现场调查:汀水河文泗路以南以沭河水顺汀水河上漾为主,文泗路以北区域沭河、汀水洪水各占 50%。汀水河外溢淹没面积约 2.15 km²。其中,南侧 0.61 km² 淹没深度平均 3 m,水量约 183 万 m^3,全部为外溢洪水;北侧包括沭河上溢洪水及汀水河来水,淹没面积约 1.54 km^2,平均淹没深度 1.5 m,水量约 115 万 m^3。沭河总出水量 292 万 m^3,平均外溢流量 109 m^3/s。洪峰过后,外溢洪水大部分回流至沭河,回流延续至 8 月 15 日 13 时 30 分左右。

图 6-10 汀水河洪水漫溢调查

6.2.4.2 鲁沟河

根据实测,鲁沟河口上游 4.4 km 公路桥面高程 82.85 m,桥面以上水深 0.8 m,水位达到 83.65 m,而桥上下游两岸地面只有 81.0 m,鲁沟河两岸出现大面积淹没。为便于分析,结合淹没实际调查情况(见图 6-11),鲁沟河以河口以上 1.8 km 的鲁沟河节制闸为分界线,鲁沟河闸以上淹没以鲁沟河洪水为主,鲁沟河闸以下淹没以沭河水顺鲁沟河上漾为主。

鲁沟河口最高水位 81.71 m,右岸无堤防,从鲁沟河节制闸下小桥开始,地面高程为79.0~80.7 m,比鲁沟河口最高水位低 1.0~2.7 m。洪水时期,沭河洪水沿着鲁沟河低洼地带外溢,外溢水流北流淹没至严界脉头中心大街(路面高程 81.8 m),淹没面积 1.04 km^2,淹没深度 2.7~0.5 m,外溢水量约 166 万 m^3。漫溢时间为沭河洪峰以前,即 8 月 14 日 9 时~16 时,漫溢时间达 7 h,平均漫溢流量 66 m^3/s,洪峰过后,漫溢洪水回流至沭河,回流延续至 8 月 15 日 12 时左右。

鲁沟河左岸有 1.14 km 堤防,向上至鲁沟河节制闸下乡村公路桥 470 m,高程约 80.6 m,比鲁沟河口水位低 1.11 m。沭河鲁沟河口水位高于 80.6 m 时,沭河水倒漾入鲁沟河,顺无堤段南下,一部分水流至贾家庄涵洞,待沭河洪峰过后回流至沭河,另一部分过 S314

图 6-11　鲁沟河洪水漫溢调查

省道、通过渠道和地面水流,南流至大白常涵洞入高榆河回流至沭河。许道口大桥下 8 月 14 日 10 时 30 分水位 82.34 m(比洪峰水位低 1.10 m 时),11 时传递至鲁沟河口,鲁沟河口开始向上倒漾漫溢,漫溢采用曼宁公式:$Q = n^{-1}R^{2/3}i^{1/2}BH$[$n$ 选用 0.050;水力半径:按宽浅水道 $R \approx H$,平均深度 0.7 m;水力坡降 i:按实测坡降 0.000 54;$B = 235$ m(按照总宽 50%计算)],向南最大漫溢流量约 190 m³/s。一直持续到 8 月 15 日 1 时 40 分左右漫溢结束。

6.2.5　石拉渊泄洪情况分析

2020 年"8·14"洪水中,石拉渊橡胶坝上下主要有 3 套数据,分别为石拉渊坝上遥测水位记录、石拉渊水位报汛资料、坝下洪痕测量资料,见表 6-8。

表 6-8　石拉渊橡胶坝"8·14"洪水水位统计

特征水位	坝上水位/m	坝下水位/m	流量/(m³/s)	说明
遥测最高水位	79.43			8 月 14 日 16 时 20 分
报汛最高水位		78.23	3 550	8 月 14 日 14 时
坝下洪痕水位		79.37(79.18)	4 500	−0.191 m 为 85 黄海基准
石拉渊设计水位	79.04	78.92	5 000	新坝
沂沭邳设计水位	79.56	78.92	5 000	老坝
保证水位		79.49		

根据洪峰传递时间分析,河湾水文站(67+000)最高水位发生时间为 14 时 30 分(见图 6-12),许道口桥下(61+000)最高水位发生时间为 15 时 30 分,石拉渊坝上(54+870)16 时 20 分发生洪峰水位更为合理。

根据洪痕测量数据,石拉渊橡胶坝坝下水尺处实测最高水位数据 79.37(1985 高程基准 79.18) m,根据石拉渊站水位流量关系曲线,水位 79.37 m 对应河道流量 4 500 m³/s;而根据石拉渊橡胶坝设计资料,当坝下水位达到 78.92 m 时对应设计流量 5 000 m³/s;8 月 14 日 14 时,石拉渊站报汛坝下最高水位 78.23 m、流量 3 550 m³/s。实测数据、设计数据、报汛数据均不对应,因此应复核石拉渊断面及石拉渊橡胶坝实际泄洪能力。

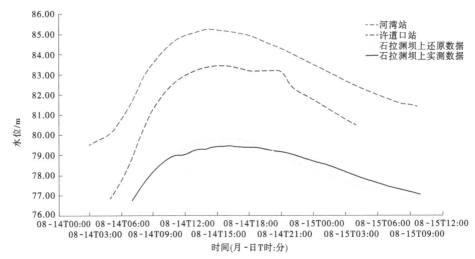

图 6-12　河湾站、许道口站、石拉渊坝上水位过程线

从图 6-12 可以看出:

(1)石拉渊坝上水位在 8 月 14 日 11 时上涨趋势明显减缓,该时段支流外溢流量比较大,消减洪水水位 0.4 m,消减流量在 400 m³/s 左右;在洪水落水过程中,外溢水流部分回流,又增大了沭河洪水流量。

(2)许道口桥下水位 8 月 14 日 18 时由于测报设施遭洪水淹没,水位不再变化,21 时水位突变,说明遥测设施短时间发生故障。

6.2.6　主要结论

(1)由于汀水河、鲁沟河未进行治理,沭河高水位时部分洪水通过汀水河、鲁沟河两侧低洼地区进行漫溢,在一定程度上起到了削减洪峰、调蓄洪水的作用,还有部分洪水在鲁沟河南侧顺流南下,通过涵洞回流至高榆河和沭河。

汀水河、鲁沟河治理后,2020 年"8·14"型洪水洪峰流量将增加 400 m³/s 左右,石拉渊断面洪峰流量将超过设计行洪流量 5 000 m³/s,如考虑到汀水河、鲁沟河汇入,遇同等标准降水,沭河石拉渊段洪峰流量将会更大,也可能会发生更多的险情。

(2)根据洪痕和遥测数据,石拉渊上/下游水位为 79.43 m/79.18 m,均超过了石拉渊橡胶坝设计工况 79.04 m/78.92 m,洪峰流量应当超过 5 000 m³/s,而实际泄量根据以上分析应为 4 300~4 500 m³/s,因此应加强对石拉渊断面的监测,校对石拉渊水位流量关系,复核石拉渊橡胶坝泄洪能力,为科学调度洪水、确定石拉渊以上防洪数据提供依据。

6.3　沭河重沟段行洪能力及测验要素分析

6.3.1　基本情况

重沟站位于山东省临沭县郑山街道,沭河中泓桩号 18+660(桩号 0+000 为下游大官庄水利枢纽),东经 118°32′、北纬 34°57′,控制流域面积 4 511 km²,为沭河干流控制站,于 2011 年 6 月开始运行。主要测流设备为跨河缆道,使用流速仪或牵引 ADCP 进行测流。测验河段基本顺直,断面稳定。基本水尺断面下游 18.6 km 为大官庄水利枢纽,上游 36 km 处有石拉渊站;上游 440 m 有华山橡胶坝,流量测验受水利工程影响较大。重沟站警戒水位 57.40 m(85 国家高程基准,下同),对应流量 3 000 m³/s,保证水位 61.58 m,对应流量 8 150 m³/s。

6.3.2　2020 年洪水情况

2020 年入汛以来共发生较大洪水 7 次,其中编号洪水 2 次,分别发生在 8 月 4 日和 8 月 14 日。重沟站 2020 年较大洪水见表 6-9。

表 6-9　重沟站 2020 年较大洪水统计

序号	日期(月-日)	最高水位/m	最大流量/(m³/s)	说明
1	07-23	56.09	1 600	
2	08-01	54.87	760	
3	08-03	55.40	1 070	
4	08-04	56.77	2 370	1 号洪水
5	08-07	55.97	1 500	
6	08-14	60.26	5 950	2 号洪水
7	08-27	55.15	996	

沭河 2020 年第 1 号洪水,重沟站 8 月 4 日 9 时 57 分水位从 55.10 m 开始起涨,起涨时流量 891 m³/s。12 时 47 分流量 2 060 m³/s,达到编号标准,水位 56.53 m。14 时 31 分出现洪峰,水位 56.77 m,流量 2 370 m³/s。至 8 月 6 日 14 时水位落平至 54.30 m,流量 473 m³/s,见图 6-13。

沭河 2020 年第 2 号洪水,重沟站 8 月 14 日 8 时 54 分水位从 52.83 m 开始起涨。水位上涨速度较快,最大涨幅每小时超过 1 m。11 时达到编号标准,14 时 18 分水位 58.05 m,超过警戒水位,相应流量 3 920 m³/s。19 时出现最大流量 5 950 m³/s,此时水位 59.55 m。15 日 0 时 36 分出现最高水位 60.26 m,超警戒水位 2.86 m,距保证水位 1.32 m,此时流量 5 670 m³/s。15 日 16 时水位回落至 57.40 m,与警戒水位持平,相应流量约 2 750 m³/s。17 时 11 时 48 分水位落平至 53.02 m,流量 381 m³/s,见图 6-14。

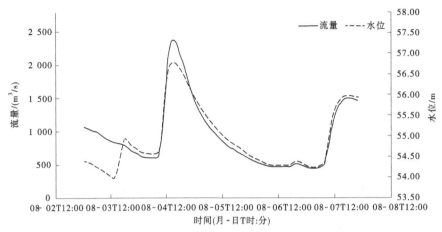

图 6-13　沭河 2020 年第 1 号洪水重沟站水位流量过程线

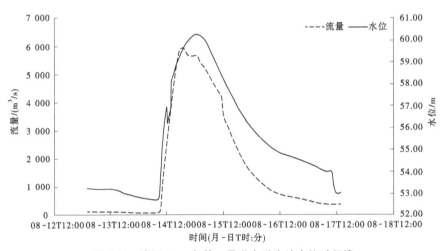

图 6-14　沭河 2020 年第 2 号洪水重沟站水位过程线

6.3.3　大断面变化分析

6.3.3.1　断面形态

重沟站 1999 年开始进行水文测验,断面设在沭河重沟桥下,测验断面为复式断面,沭河重沟桥下测验断面变化情况见图 6-15。

重沟站建成于 2011 年 6 月,同时期布设基本水尺断面,位于沭河中游桩号 18+660 m处,2020 年实测断面宽 696.3 m,河床为砂质,低水时主流位于河床左侧,宽度约 400 m,水位在 56.30 m 时漫滩。沭河重沟站历年实测大断面见图 6-16。

6.3.3.2　断面变化过程

根据实测大断面资料,由于受河道采砂等因素影响,沭河重沟桥下测站河底高程呈逐年下降趋势,以断面中泓最为明显。2010 年较 1999 年断面中泓处最大下切深度达 3 m。

重沟站建成后,2011 年最低点高程 51.02 m,位于起点距 45 m 左右,但是由于断面不规整,主河槽最低点高程为 51.36 m;2012 年 6 月中旬对测验断面进行了规整处理,左

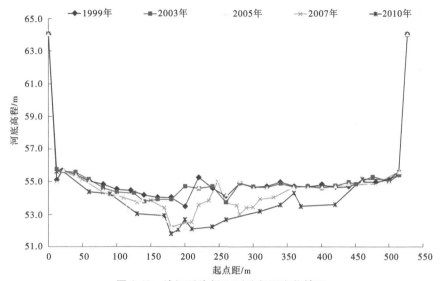

图 6-15 沭河重沟桥下测验断面变化情况

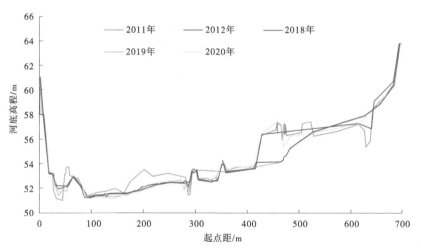

图 6-16 沭河重沟站历年实测大断面

岸、右岸部分滩面高程有所降低;2020 年,起点距 45 m 左右为 51.97 m,抬升 0.95 m,主河槽最低点高程为 51.21 m,主河槽最低点高程下切 0.15 m。右岸 430~500 m 滩地部分河底高程增加。其他部分变化不明显。

6.3.3.3 断面变动原因过程分析

一是人为因素,上游橡胶坝的建设,改变了水流的形态,从而对天然的河道断面形状造成了一定的影响。

二是自然因素,由于 2018 年、2019 年、2020 年沭河连续三年发生编号洪水,尤其是 2020 年发生了两次编号洪水,对河道断面冲刷比较严重,床面上的泥沙被水流冲起带走,使床面下切,从而使断面形状发生改变。

6.3.4 糙率分析

6.3.4.1 糙率分析的必要性

河道糙率是衡量壁面粗糙情况的一个综合性系数,影响因素复杂,主要受河道河床组成、床面特征、平面形态、水流特征及岸壁特征等河段特征要素控制。

重沟站水位陡涨陡落,河道变化明显,水位流量关系不稳定,本书试图寻找一种方法,通过上下断面水位、断面流量、比降、断面面积、糙率等运用曼宁公式来计算河道的流量,而这些变量中,最难确定的就是河道糙率,因此有必要对河道糙率值进行分析。

对该河段的糙率进行分析研究,可以探索洪水涨落过程中的有关规律,提前对沭河洪水进行准确的洪水预报,为防汛部门会商大官庄枢纽洪水调度争取时间,使得沭河流域的洪水调度更加科学合理,行洪更加安全。

6.3.4.2 糙率分析方法的确定

天然河道的糙率与河道断面的形态、床面的粗糙情况、植被生长状况、河道弯曲程度、水位的高低、河槽的冲淤,以及整治河道的人工建筑物的大小、形状、数量和分布等诸多因素有关,是水力计算的重要灵敏参数,在天然河道的水力计算中,河道糙率选取得恰当与否,对计算成果有很大影响,因而在确定糙率时必须认真对待。

山区天然河道稳定状态河段的流态主要有近似恒定均匀流和恒定非均匀渐变流。当流态按恒定均匀流处理时,可根据河道实测或调查资料用曼宁公式推算糙率;当流态按恒定非均匀渐变流处理时,可根据河段实测或调查资料的平均值用曼宁公式近似推求初步的 n 值,然后通过水面线的反复推算和调整 n 值,选择河段的糙率。

如果为某一典型河段,根据实测的水位 Z、流量 Q、断面面积 A、湿周 χ 等,应用谢才公式及曼宁公式可得:

$$n = \frac{R^{\frac{2}{3}} J^{\frac{1}{2}} A}{Q}$$

$$R = \frac{A}{\chi}$$

式中:n 为河床糙率,无量纲;R 为水力半径,m;J 为水面比降,无量纲;A 为断面面积,m²;Q 为断面流量,m³/s;χ 为湿周,m(重沟站河段是宽浅河道,湿周可由水面宽代替)。

6.3.4.3 资料的选用

曼宁公式是基于恒定均匀流情况下推导出来的一个经验公式,对于山区性河流,洪水大都是暴涨暴落,属于非恒定流,洪水的涨落段均为非恒定流,变化较快,只有在洪峰出现的短时间内,水位平稳,流量变化较小,才近似为恒定流。在这些部位的实测流量资料比较符合要求。另外,洪水的落坡相对也较为平缓,也可以近似选用,即以峰顶资料为主,洪水落坡过程为辅。在选取的资料中,特别要对个别突出点慎重考虑,对收集到的资料进行初步甄别,做到去粗取精,去伪存真。

自 2011 年重沟站建站以来,2012 年汛期,沭河流域降水较常年偏多,时间较集中,且强度较大。与降水过程对应,沭河流域各河道内出现了不同的洪水。2012 年、2018 年、2019 年、2020 年 4 个典型年均发生编号洪水,特别是 2020 年汛期,重沟站降水为建站以来最大,出现了有实测资料记录以来的最大洪水,其中 2020 年"8·14"洪水过程测得的洪峰流量 5 950 m³/s 为目前为止最大的流量。但 2018 年橡胶坝未完全塌坝,考虑更好地接近天然状态的洪水过程,所以本次研究选取 2012 年、2019 年、2020 年三次编号洪水过程资料进行分析。

6.3.4.4 糙率计算

将 3 次编号洪水过程的水位和流量按 1 h 为时段进行插补,在水位–断面面积曲线图上查出对应水位的断面面积,通过水位–湿周关系曲线图查出水位对应的湿周,将各项数据代入曼宁公式计算求出糙率。然后将计算出的糙率点绘到同一坐标格纸上,见图 6-17。

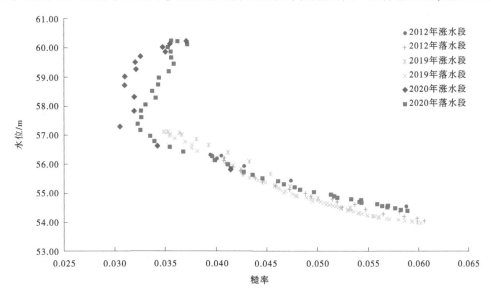

图 6-17 重沟站水位–糙率关系分布

6.3.4.5 结论

根据水位–糙率曲线可以得出:

(1)3 次编号洪水过程的水位–糙率曲线走向基本一致。

(2)不同水位下对应的糙率是有差异的。

(3)同一场洪水涨水段与落水段存在差异,同等水位下,涨水段比落水段糙率大。

(4)同一场洪水高水段与低水段存在差异,高水段糙率小,低水段糙率大。

(5)随着水位上涨,糙率基本接近一个常数 0.030。

本次 2020 年洪水过程水位糙率曲线出现反曲,主要是因为下游大官庄枢纽壅水顶托作用,洪峰过后,水位继续上涨而流量出现不变甚至减小的情况。

6.3.5 水位流量关系分析

重沟站 2020 年洪水的水位流量关系线如图 6-18 所示,从图 6-18 中可以看出,1 号洪水水位流量关系稳定,呈单一线。2 号洪水高水时由于下游壅水顶托,水位流量关系呈逆时针绳套。在 2012 年"7·23"洪水及 2018 年、2019 年 1 号洪水中,也有微小的逆时针绳套,但最高水位与最大流量出现时间相差不大,总体为单一线。2020 年第 2 号洪水中,上游沭河来水、下游分沂入沭分洪水量都较大,大官庄枢纽已经达到设计流量,壅水顶托现象对水位流量关系的影响极大。最大流量与最高水位出现时间相差 5.6 h,最大流量对应水位与最高水位相差 0.71 m。8 月 15 日 11 时 30 分水位回落至 58.39 m 时,实测流量 4 210 m³/s,绳套线回归主线,水位流量关系稳定,呈单一线。

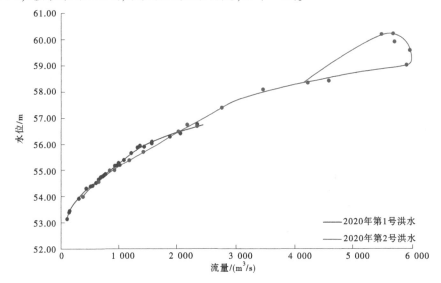

图 6-18　重沟站 2020 年水位流量关系线

将重沟站历年编号标准以上洪水的水位流量关系绘制成图 6-19,并分析各个水位级下的对应流量,计算相对于 2020 年"8·14 洪水"的偏差见表 6-10。

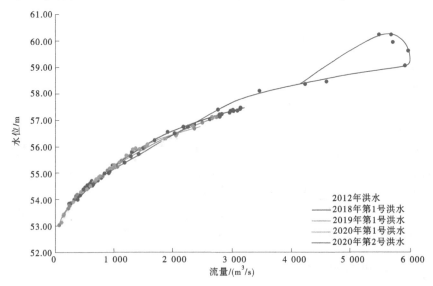

图 6-19　重沟站历年编号标准以上洪水水位流量关系对比

表 6-10　重沟站历年编号标准以上洪水水位流量关系对比分析

水位/ m	2012 年/ (m³/s)	偏差/%	2018 年/ (m³/s)	偏差/%	2019 年/ (m³/s)	偏差/%	2020 年 1 号/ (m³/s)	偏差/%	2020 年 2 号/ (m³/s)
54.00	375	-0.53	314	-16.71	328	-13.00	327	-13.26	377
54.50	590	0.85	556	-4.96	562	-3.93	571	-2.39	585
55.00	918	4.08	845	-4.20	855	-3.06	847	-3.97	882
55.50	1 290	2.38	1 160	-7.94	1 190	-5.56	1 130	-10.32	1 260
56.00	1 700	3.03	1 490	-9.70	1 580	-4.24	1 470	-10.91	1 650
56.50	2 140	4.39	1 910	-6.83	2 050	0	2 050	0	2 050
57.00			2 500	2.46	2 590	6.15			2 440
57.50			3 240	14.49					2 830

从图 6-12 中可见,5 次编号洪水的水位流量关系大致分为两组,2018 年、2019 年及 2020 年 1 号洪水的关系线较接近,2020 年 2 号洪水单一线部分与 2012 年"7·23"洪水相近。这说明历年第一场洪水与后续洪水行洪能力存在一定区别,受多因素影响,后续洪水行洪能力略有增加。尝试合并定线如图 6-20 及图 6-21 所示。

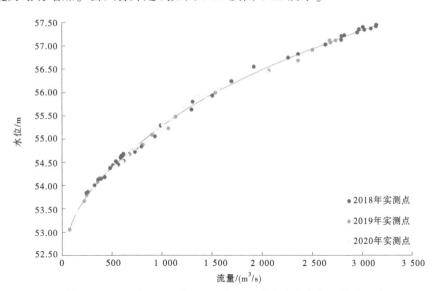

图 6-20　2018 年、2019 年、2020 年 1 号洪水合并水位流量关系线

图 6-20 中曲线三项检验均通过,标准差为 4.11%。

图 6-21 中曲线三项检验均通过,标准差为 4.42%。

2018 年、2019 年与 2020 年 1 号洪水相比较,相同点为:降水在汇流区间内分布较均匀。不同点为:2018 年、2020 年 1 号洪水降水过程前田间持水量较高,2019 年降水之前处于长期干旱状态,田间持水量和水库蓄水都较低。

2020 年第 2 号洪水与 2012 年"7·23"洪水相比较,相同点为:①洪水之前田间持水量已经基本饱和,流域各水库蓄水量较多;②中上游区间高强度降水,下游区间几乎没有降水。不同点为:2012 年仅沭河发生洪水,分沂入沭基本未分洪,2020 年沂河、沭河均发生大洪水,分沂入沭分洪流量达到 3 000 m³/s。

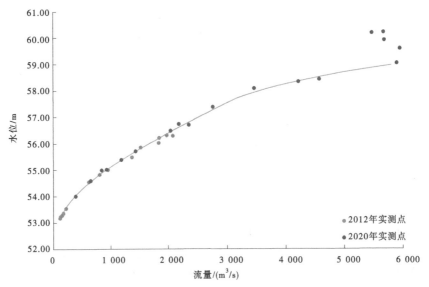

图 6-21　2012 年"7·23"洪水与 2020 年"8·14"洪水(非绳套部分)合并水位流量关系线

6.3.6　流量在线监测系统对比分析

重沟站流量在线监测系统使用二线能坡法流量自动监测站,7 月 8 日安装完毕并开始测试。8 月 14 日 19 时 45 分,2 号洪水最大流量出现期间被冲毁。运行期间共完整监测 5 次较大洪水,以及"8·14"洪水的主要涨水过程。对自动流量数据与实测数据进行比较。

6.3.6.1　7 月 23 日洪水

7 月 23 日洪水流量在线监测过程线见图 6-22。

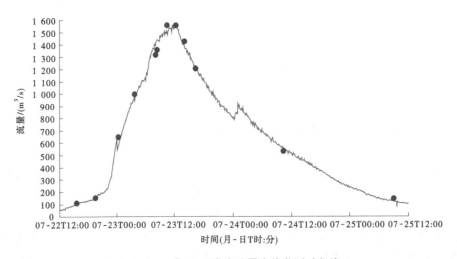

图 6-22　7 月 23 日洪水流量在线监测过程线

从图 6-22 中可以看出,自动流量监测系统在低水时与实测流量数据基本吻合,高水时偏大,洪峰时偏差达到 16.7%。

6.3.6.2 8月1日、3日、4日(第1号洪水)及7日洪水

8月1~7日洪水流量在线监测过程线见图 6-23。

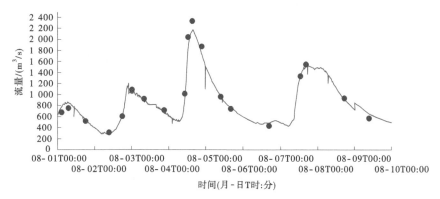

图 6-23 8月1~7日洪水流量在线监测过程线

这一时期经过调试,高水时流量尽管仍然偏大,但偏差幅度已大幅减小,均在 10% 以内。8月4日洪峰时偏差 8.54%。

6.3.6.3 第2号洪水

经过多场洪水校验,自动监测数据与实测数据已基本吻合。受河道内杂物过多影响,部分数据有跳变。至 14日 19时 45分被冲毁数据中断前,系统运行良好,为流量测次的安排提供了参考,见图 6-24。

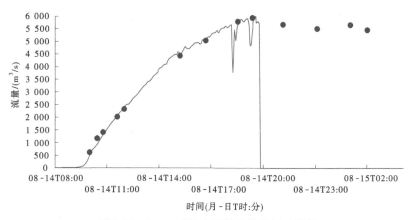

图 6-24 "8·14"洪水流量在线监测过程线

6.3.7 结论

(1)大断面除主河槽处略有下切外,其他地方抬升明显。重沟站 2020 年,起点距 45 m 左右为 51.97 m,抬升 0.95 m,主河槽最低点高程下切 0.15 m。右岸 430~500 m 滩地部分河底高程增加。其他部分变化不明显。

(2)重沟站水位流量关系基本稳定,在不同的降水空间分布情况下有一些偏差。小

洪水时受上游华山橡胶坝影响较大,特大洪水时受下游大官庄枢纽影响较大。5 次编号洪水的水位流量关系大致分为两组,2018 年、2019 年及 2020 年 1 号洪水的关系线较接近,2020 年 2 号洪水单一线部分与 2012 年"7·23"洪水相近。

（3）重沟站所处河段糙率有所减小。与 2012 年洪水和 2019 年洪水相比较,2020 年洪水涨水段及落水段糙率均有所减小。同一场洪水高水段与低水段存在差异,高水段糙率小,低水段糙率大。但随着水位上涨,糙率基本接近一个常数 0.030。

（4）二线能坡法流量自动监测系统较适用于重沟站。尽管受断面宽度及复杂程度影响较大,经过调试后仍能较为准确地进行流量实时监测。在 8 月 14 日的洪水过程中,为流量测次的安排提供了极大的帮助。

6.4 分沂入沭水道彭道口闸分洪情况变化分析

6.4.1 工程概况

刘家道口枢纽位于沂河临沂站以下 10 km 处,枢纽主要由彭道口闸和刘家道口闸等组成。彭道口闸位于分沂入沭水道进口处,建成于 1974 年 4 月,2002 年 4 月完成了加固改造。彭道口闸设计洪水标准为 50 年一遇,设计流量为 4 000 m³/s,相应闸上水位 60.83 m(56 黄海基面,下同)、闸下水位 60.48 m;校核洪水标准 100 年一遇,校核流量 5 000 m³/s,相应闸上水位 61.80 m、闸下水位 61.32 m,该闸共 19 孔,平面钢闸门尺寸 10 m×7.5 m(宽×高),底板高程 53.86 m。刘家道口闸设计洪水标准为 50 年一遇,设计流量 12 000 m³/s,相应闸上水位 61.40 m、闸下水位 61.22 m;校核洪水标准 100 年一遇,校核流量 14 000 m³/s,相应闸上水位 62.08 m、闸下水位 61.87 m,该闸共 36 孔,弧形钢闸门尺寸 16 m×8.5 m(宽×高),底板高程 52.36 m,闸门下驼峰堰顶高程 52.86 m。

分沂入沭水道上起彭道口闸,流经临沂市河东区、郯城县、临沭县至大官庄枢纽入沭河,河道全长 20 km,区间流域面积为 256.1 km²。1957 年 7 月 20 日行洪流量 3 180 m³/s,为历史最大流量。现状防洪标准为 50 年一遇,设计流量为 4 000 m³/s。分沂入沭水道中泓桩号 0+000～1+600 段为大官庄枢纽广场段,其中 0+000～0+200 段河底高程为 46.0～47.0 m,底宽 310 m;桩号 0+200～1+600 段河底高程为 47.0 m,河底宽由 310 m 渐变至 594 m。中泓桩号 1+600～11+500 段河底高程由 47.0 m 渐变至 50.42 m,河底宽 180～210 m,河底比降为 0.4‰。中泓桩号 11+500 以上段河道底宽 200～210 m,比降为 0.4‰。

6.4.2 彭道口闸分洪资料分析

1974 年彭道口闸建成以前,沂河刘家道口枢纽为自由分洪。1957 年 7 月 20 日,分沂入沭水道最大分洪流量 3 180 m³/s。1974 年以后分沂入沭水道采用闸门控制分洪调度,尤其是 2010 年 4 月刘家道口节制闸建成以后,刘家道口枢纽具备了调控分洪的条件。

对彭道口闸 1974 年以来的几次调度情况进行分析(统计结果见表 6-11),可以得出以下几点初步结论:

表6-11 1957年以来分沂入沭水道彭道口闸分洪流量资料分析对照

年份	彭道口闸最大分洪时间（月-日T时:分）	临沂站洪峰流量/（m³/s）	刘家道口闸最大流量/（m³/s）	彭道口闸最大分洪流量/（m³/s）	彭道口闸最大分洪流量占比/%	彭道口闸最大分洪时间上/下闸水位/m	彭道口闸最大分洪时间上/下闸水位差/m	彭道口闸最大分洪时刻胜利堰闸上水位/流量[m/（m³/s）]	分沂入沭分洪黄庄/胜利堰最高水位/m	彭道口闸调度运用方式（最大分洪时）
1957	07-20T00:15	15 400	—	3 180	20.6	60.48	—	52.52/1 050（新沭河） 51.86/2 600（老沭河）		自由分洪 最大分洪流量（历史最大分洪流量）
1960	08-17T12:45	12 100	—	2 580	21.3	60.21	—	51.06/478（新沭河） 50.23/1 654（老沭河）		自由分洪
1974	08-14T02:00	10 600	7 640	3 131	29.5	58.81	—	53.95/822		自由分洪（4月竣工）
1991	07-25T11:00	7 590	—	1 980	26.1	59.21	—	50.37/15.5		按2 000 m³/s 开闸调度
1993	08-05T11:30	8 140	5 700	1 860	22.9	58.56/55.87	2.69	51.59/102		按2 000 m³/s 开闸调度
1997	08-20T19:00	6 510	5 600	854	13.1	58.70/57.22	1.48	51.64/400		开19孔×1.1 m
1998	08-16T02:00	4 870	—	1 410	29.0	57.62/57.56	0.06	52.25/0		19孔闸门出水
2012	07-10T14:00	8 050	6 120	983	12.2	57.91/57.69	0.22	50.69/755	（52.27）/52.19	开19孔×3.3 m（按6 000 m³/s 调度）
2018	08-20T12:00	3 220	2 290	1 560	48.4	57.23/57.17	0.06	51.53/228	（52.68）/52.14	19孔闸门出水（按2 000 m³/s 调度）

续表 6-11

年份	彭道口闸最大分洪时间（月-日 T 时:分）	临沂站洪峰流量/（m³/s）	刘家道口闸最大流量/（m³/s）	彭道口闸最大分洪流量/（m³/s）	彭道口闸最大分洪流量占比/%	彭道口闸最大分洪时闸上/闸下水位/m	彭道口闸最大分洪时闸上/闸下水位差/m	彭道口闸最大分洪同时刻胜利堰闸上水位/流量/[m/（m³/s）]	分沂入沭分洪黄庄/胜利堰最高水位/m	彭道口闸调度运用方式（最大分洪时）
2019	08-11T14:00	7 300	6 330	1 420	19.5	59.03/58.94	0.09	50.85/315	(53.65)/53.96	19 孔闸门出水（按 3 500 m³/s 调度）
2020	07-23T06:00	3 580	2 640	982	27.4	59.51/57.51	2.00	49.57/159	(52.20)/50.27	开 19 孔×1.3 m（按 1 000 m³/s 调度）
2020	08-07T16:40	3 730	2 050	1 580	42.3	59.60/59.39	0.21	50.80/512	(53.42)/51.63	19 孔闸门出水（按 1 500 m³/s 调度）
2020	08-14T19:00	10 900	7 890	3 290	30.2	61.74/61.19	0.55	54.94/1 950	(57.59)/56.84	19 孔闸门出水（按 3 500 m³/s 调度）

注：分沂入沭黄庄站水位为遥测水位。

（1）1991~1998 年期间的彭道口闸调度，当彭道口闸采用闸门全开调度，彭道口闸分洪流量占上游来水的比例较 20 世纪 70 年代没有明显改变，彭道口闸最大分洪流量一般占上游临沂站洪峰流量的 20%~30%。

（2）2010 年 4 月，刘家道口节制闸建成竣工以后，改变了之前的自然分流比。以 2012 年 7 月洪水（见图 6-25）为例，临沂站洪峰流量 8 050 m³/s，调度指令要求 10 日 9 时 30 分彭道口闸分洪 1 000 m³/s，实际执行时闸门调整了 4 次，最大分洪流量 983 m³/s。

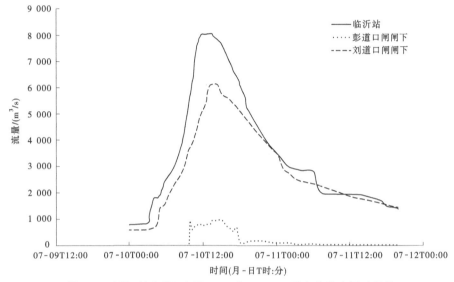

图 6-25　沂河刘家道口枢纽 2012 年"7·10"洪水分洪流量过程线

（3）2018 年分洪调度（见图 6-26），临沂站洪峰流量 3 220 m³/s，彭道口闸调度下泄 2 000 m³/s，19 孔闸门全开提出水面，最大分洪流量 1 560 m³/s，该调度为控制南下流量 2 000 m³/s，向东彭道口闸全开所致。

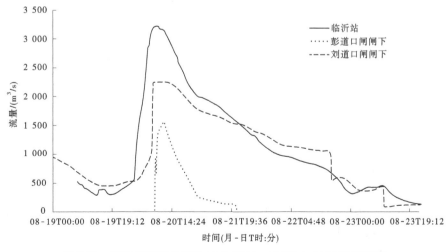

图 6-26　沂河刘家道口枢纽 2018 年"8·20"洪水分洪流量过程线

（4）2019 年分洪调度（见图 6-27），临沂站 8 月 11 日 13 时洪峰流量 7 300 m³/s，11 日 13 时调度彭道口闸下泄 2 000 m³/s，14 时彭道口闸 19 孔闸门全开提出水面，实际下泄 1 420 m³/s，13 时 30 分刘家道口闸下泄流量 6 260 m³/s，彭道口闸分洪占比 18.5%。虽然 15 时又调度彭道口闸下泄 3 500 m³/s，由于闸门已经全部提出水面，调度已不具备实质性响应的条件。刘家道口闸 17 时出现最大下泄流量 6 330 m³/s 时，彭道口闸闸门全开状态下的分洪流量只有 1 110 m³/s，彭道口闸分洪占比只有 14.9%。

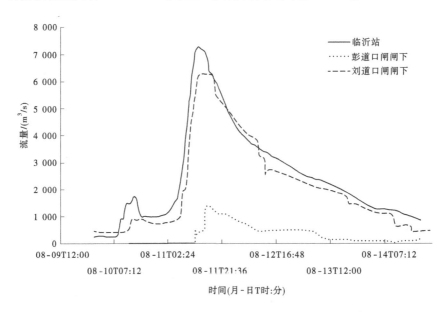

图 6-27　沂河刘家道口枢纽 2019 年"8·11"洪水分洪流量过程线

在彭道口闸闸门全开的情况下，2018 年 8 月彭道口闸最大分洪流量 1 560 m³/s，2019 年 8 月最大分洪流量只有 1 420 m³/s，而彭道口闸闸上水位 2019 年较 2018 年升高了 1.8 m，可见，受分沂入沭行洪不畅的影响，2019 年彭道口闸出现了分洪困难的情况，这在一定程度上影响了沂沭河洪水东调目标的实现。

（5）2020 年汛期，刘家道口枢纽进行了多次分洪调度，较大的分洪过程（彭道口闸分洪流量超过 900 m³/s）有 3 次，分别是 7 月下旬、8 月上旬以及 8 月中旬。

①7 月下旬的分洪调度（见图 6-28）。

临沂站 7 月 23 日 4 时 21 分洪峰流量 3 580 m³/s，23 日 6 时调度彭道口闸下泄 982 m³/s（开 19 孔×1.3 m），同时刘家道口闸下泄流量 2 620 m³/s，彭道口闸分洪占比为 27.3%。

②8 月上旬的分洪调度（见图 6-29）。

临沂站 8 月 7 日 14 时 31 分洪峰流量 3 730 m³/s，7 日 11 时 30 分调度彭道口闸 19 孔闸门全开，下泄流量 980 m³/s，16 时 40 分最大分洪流量 1 580 m³/s，同时刘家道口闸下泄流量 1 440 m³/s，彭道口闸分洪占比为 52.3%。

③8 月中旬的分洪调度（见图 6-30）。

临沂站 8 月 14 日 18 时洪峰流量 10 900 m³/s，14 日 12 时调度彭道口闸 19 孔闸门全

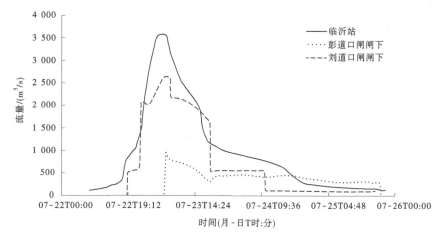

图 6-28　沂河刘家道口枢纽 2020 年"7·23"洪水分洪流量过程线

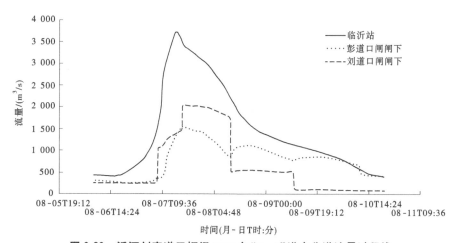

图 6-29　沂河刘家道口枢纽 2020 年"8·7"洪水分洪流量过程线

开,下泄 1 960 m³/s,19 时最大分洪流量 3 290 m³/s,同时刘家道口闸下泄流量 7 880 m³/s,彭道口闸分洪占比为 29.5%。

由以上分析可见,2020 年 7~8 月刘家道口枢纽的三次开闸分洪,彭道口闸分洪占比分别为 27.3%、52.3% 和 29.5%,较 2019 年的分洪占比 18.5% 有了明显改善。

6.4.3　2020 年汛期分洪效果分析

2020 年汛期,彭道口闸 7 月 22 日开闸分洪,截至 8 月 28 日,累计开闸时间 29 d,见图 6-31。经与 2019 年 8 月行洪情况对比分析,发现高水部分(闸上水位>57.50 m)2020 年行洪情况较 2019 年有所改善。

针对分沂入沭水道中芦苇生长茂盛阻碍行洪问题,2020 年汛期采用了有针对性的分洪调度措施加以应对。首先,第一次调度的开闸流量,采用了较 2019 年首次开闸流量(385 m³/s)更大的流量(982 m³/s),强大水流的冲击使行洪通道中的芦苇产生倒伏。其次,接下来的连续行洪使得倒伏的芦苇在水下逐渐停止生长,继而产生苇叶腐烂,最后只剩

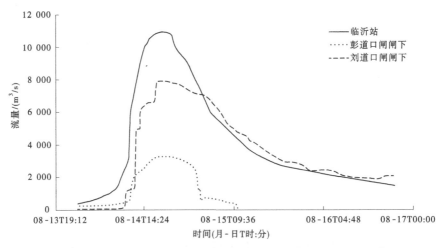

图 6-30　沂河刘家道口枢纽 2020 年"8·14"洪水分洪流量过程线

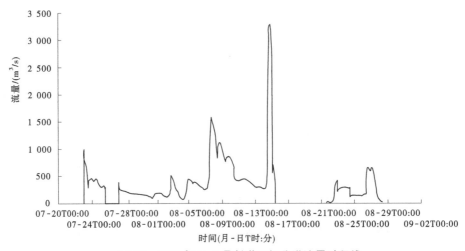

图 6-31　2020 年 7~8 月彭道口闸分洪流量过程线

下光光的芦杆,与长势旺盛的芦苇相比,芦杆对行洪的影响有所降低。2020 年汛期彭道口闸针对性的分洪调度,使得分沂入沭水道的行洪能力较 2019 年有了一定程度的改善。

6.4.4　彭道口闸闸下水位-分洪流量关系变化分析

点绘 1993~2020 年彭道口闸主要分洪年份闸下水位-分洪流量关系曲线(见图 6-32)。

比较可见,2020 年彭道口闸分洪效果,高水部分较 2019 年 8 月有所改善,但是与 20世纪 90 年代相比,彭道口闸以及分沂入沭水道的分(行)洪能力降低还是比较明显的,具体表现在彭道口闸下水位 57.00~58.00 m 时,分沂入沭水道的下泄流量较 20 世纪 90 年代减小 350~680 m³/s,泄流能力降低约 45%。

根据彭道口闸 2020 年实测泄流曲线进行推算,设计闸下水位 60.48 m(相应闸上水位 60.83 m)时的下泄流量只有 2 800 m³/s,较设计流量(4 000 m³/s)减小 1 200 m³/s,泄

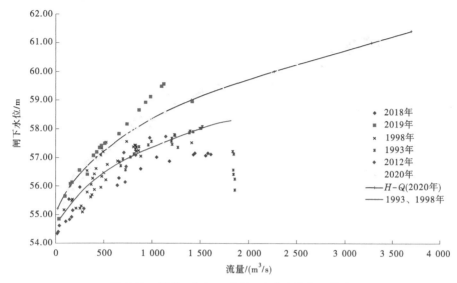

图 6-32　彭道口闸闸下水位-分洪流量关系曲线

流能力降低 30%;校核闸下水位 61. 32 m(相应闸上水位 61. 80 m)时的下泄流量 3 600 m³/s,较校核流量(5 000 m³/s)减小 1 400 m³/s,泄流能力降低 28%。

6.4.5　存在的问题及分析

6.4.5.1　分沂入沭现状行洪能力不能满足设计要求

2020 年 8 月 14 日沂河洪水,刘家道口枢纽实施了高水位分洪,彭道口闸最大分洪时的闸上、闸下水位分别是 61. 74 m 和 61. 19 m,最大分洪流量 3 290 m³/s。比较可见,彭道口闸最大分洪时的闸上、闸下水位分别已经超过设计水位 0. 98 m 和 0. 78 m,仅较校核水位分别高 0. 01 m 和低 0. 08 m,分洪流量较设计流量少 710 m³/s,较校核流量少 1 710 m³/s,最大分洪流量仅占校核流量的 65. 8%。上述分析可见,2020 年分沂入沭水道的行洪能力虽然较 2019 年有所改善,但仍不能满足设计行洪流量的要求,分沂入沭水道行洪不畅的问题依然存在。

目前,彭道口闸以及分沂入沭水道的分(行)洪能力较设计值降低约 30%。

6.4.5.2　分沂入沭河道内水生植被密集,阻洪碍洪,是造成彭道口闸行洪不畅的主要原因

2010 年刘家道口节制闸建设完成,枢纽具备常年蓄水条件,改变了过去不分洪黄庄桥以上河道常年无水的状况。由于常年有水,生长环境有利,分沂入沭水道彭道口闸下至黄庄段约 12 km 河槽内生长有大量芦苇、蒲草等湿地植被,面积近 2 000 亩。这些芦苇多年生长未被清理,生长愈发茂密,平均高度 2~3 m,较高的能达到 4 m,其中大墩桥上下至黄庄段生长尤为密集。这些河床植被加大了河床糙率,减小了水流流速,减小了有效过水断面面积,给河道行洪带来阻碍,降低了河道行洪能力。

6.4.5.3　分沂入沭彭道口闸上下游河道淤积也是造成行洪不畅的原因之一

从彭道口闸上下游断面监测资料可知,闸区上、下游均有淤积,从 2010 年清淤至 2020 年已近 10 年,上游每年有冲有淤,总体趋势为淤积,变化相对较小;下游淤积较快,

与芦苇多年旺盛生长有很大关系。刘家道口水利枢纽管理局于 2010 年、2018 年、2019 年对彭道口闸上、下游 5 个断面进行了监测,对监测资料进行分析,结果表明,彭道口闸上、下游断面 2019 年较 2010 年均有不同程度的淤积,闸上断面淤高 0.14~1.41 m,闸下断面增高 0.47~1.35 m,受芦苇及水生植物影响,闸下游淤积较闸上更为严重。

2020 年 4 月,刘家道口水利枢纽管理局又对分沂入沭水道上游 6.2 km 共计 7 个断面(含彭道口闸下 2 个)进行了测量,并与 2017 年大断面资料以及 1982 年测量资料进行了对比分析,计算淤积总方量约为 34.62 万 m³,上游段从彭道口闸下至南外环分沂入沭大桥段(2.2 km)淤积较多,淤积量约为 23.52 万 m³。从实测河道断面图对比来看,彭家道口分洪闸上下游淤积明显,中泓桩号 18+000 以上段平均淤积近 1 m,水道内芦苇、水草长势茂盛。

6.4.5.4 彭道口闸以前的自然分洪条件发生了改变

2005~2010 年建设刘家道口节制闸,拆除了过去位于闸前的实际起壅水作用的拦河闸坝,使得沂河上游来水能够更加顺畅地南下。另外,沂河右岸盛口切滩也使得沂河主流向有利于南下的方向改变,加之刘家道口枢纽泄(分)洪闸闸底板高程,彭道口闸较刘家道口闸高 1.0 m,这些都会使得沂河上游来水更容易从刘家道口闸向南下泄。

6.4.5.5 跨河桥梁也对分沂入沭行洪造成一定的不利影响

分沂入沭水道 20 km 河道内共有跨河桥梁 10 座,特别是上游彭道口闸下 5 km 多的河道内即有 5 座公路、铁路桥和交通桥,由于分沂入沭水道为人工河道,河道断面窄,桥梁桥墩客观上减小了行洪断面,造成了阻水的累计叠加效应,也对行洪产生了一定的不利影响。

6.4.6 初步结论与建议

6.4.6.1 彭道口闸分洪流量占比有逐渐减小的趋势,现状工况下的分沂入沭行洪能力不能满足设计行洪要求

20 世纪 50~90 年代,彭道口闸分洪流量占上游来水的分水比一般为 20%~30%,进入 21 世纪,受河道及工程状况变化影响(刘家道口节制闸建成以及枢纽以上右岸盛口切滩)造成自然分流状态发生改变,彭道口闸分洪流量占比减小 20% 左右。2020 年汛期,彭道口闸分洪流量占比虽然达到了 30%,实际上是抬高枢纽闸前水位 1~2 m 并控制南下流量方才实现的。目前工况情况下,彭道口闸以及分沂入沭水道的分(行)洪能力较设计值降低约 30%,即使是采用控制刘家道口闸南下泄流、抬高枢纽闸前水位、彭道口闸闸门全开等一系列调度措施,分沂入沭水道现状行洪能力仍不能满足设计行洪要求。

6.4.6.2 河道断面淤积以及水生植被密集是造成分沂入沭行洪不畅的最主要原因,建议通过工程治理的方法加以解决

分沂入沭水道断面监测资料分析结果表明:首先,分沂入沭水道存在着河道断面淤积退化的问题(分沂入沭河道已有近 10 年未进行清淤);其次,分沂入沭河道内水生植被密集,阻洪碍洪;再次,分沂入沭水道内短距离内多座跨河桥梁桥墩阻水的累加效应,以上这些都是造成分沂入沭行洪不畅的最主要原因。建议采取河道清淤疏浚、河道灭苇等措施对分沂入沭水道进行针对性整治,对跨河桥梁桥墩占用行洪通道进行断面面积补偿,尽量减少其不利影响,使得分沂入沭水道恢复原有设计行洪能力,保障沂沭泗河洪水东调安排可以不打"折扣"地付诸实施。

6.5　沂沭河 2020 年"8·14"洪水最高水面线初步分析

6.5.1　基本情况

2020 年 8 月 13~14 日,沂沭河出现强降水过程,沂河发生 1960 年以来最大洪水,沭河发生 1974 年以来最大洪水。受降水影响,刘道口枢纽、大官庄枢纽、嶂山闸均大流量开闸泄洪,新沭河、新沂河等下游主要河道出现大洪水过程。

根据沂沭泗水利管理局的安排部署,沂沭河水利管理局、骆马湖水利管理局及相关基层局收集整理了"2020·8·14"大洪水主要行洪河道重要断面实测最高洪痕水位资料,沂沭泗水利管理局水文局(信息中心)对最高洪痕资料进行了复核,补充了新沭河(江苏部分)部分以及沭河(江苏部分)的最高水位及断面资料。相关单位合作绘制了沂沭河主要河道 2020 年"8·14"大洪水行洪最高水面线图并对最高水面线进行了简单分析。

本次最高水面线图及断面特征水位等,沂河、沭河(山东部分)、祊河、分沂入沭水道、新沭河(山东部分)采用 85 国家高程基准;沭河(江苏部分)、新沭河(江苏部分)、新沂河采用废黄河基面。

沂沭河流域主要河道行洪情况调查统计见表 6-12,水面线及数据见图 6-33~图 6-42 及表 6-13~表 6-22。

表 6-12　沂沭河流域主要河道行洪情况调查统计

序号	河段	洪痕标识点个数	行洪最高水位超滩地高程断面个数	行洪最高水位超设计水位断面个数
1	沂河(山东段)	30	11	1
2	沂河(江苏段)	11	11	6
3	祊河	11	2	0
4	沭河(山东段)	23	10	2
5	老沭河(山东段)	19	14	3
6	老沭河(江苏段)	7	0	0
7	分沂入沭水道	17	8	7
8	新沭河(山东段)	7	4	1
9	新沭河(石梁河水库—三洋港闸)	7	7	5
10	新沂河	11	10	0
	合计	143	77	25

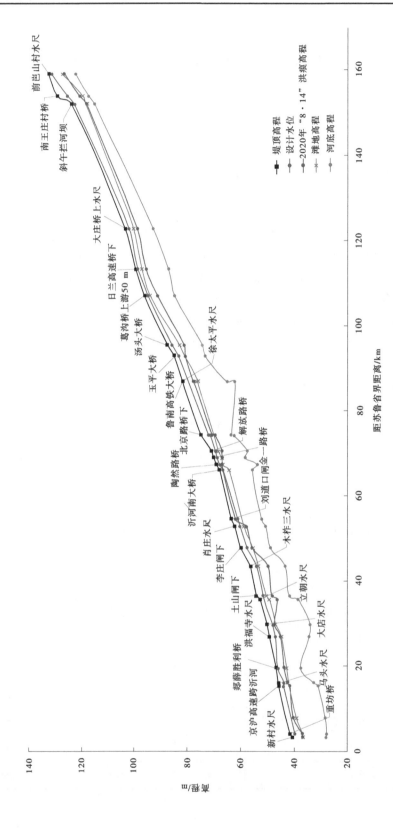

图 6-33 2020 年"8·14"洪水沂河（山东段）重要断面最高水面线

表 6-13　沂河（山东段）最高水面线数据

序号	桩号	洪痕标识点	2020年"8·14"洪痕高程/m	河底高程/m	滩地高程/m	堤顶高程/m	设计水位/m
1	159+160	前邑山村水尺	126.21	122.00	126.80	132.23	131.10
2	154+020	南王庄村桥	120.47	117.20	119.30	128.90	124.93
3	152+083	斜午拦河坝	118.03	114.90	118.20	123.60	122.54
4	122+800	大庄桥上水尺	98.67	92.50	100.00	103.20	101.72
5	113+290	日兰高速桥下	95.23	86.80	96.80	99.20	98.40
6	107+045	葛沟桥上游50 m	90.84	84.60	93.70	95.87	94.37
7	95+420	汤头大桥	81.08	74.20	82.70	87.20	85.48
8	92+840	王平大桥	80.57	73.10	80.70	84.80	83.27
9	95+420	徐太平水尺	77.74	65.10	75.70	81.70	
10	86+837	鲁南高铁大桥	77.36	62.10	76.00	81.70	
11	74+365	北京路桥下	70.47	63.30	69.9	74.70	71.84
12	74+265	桃园橡胶坝	69.46	62.50	68.20	70.90	71.29
13	70+560	解放路桥	66.90	57.60	68.20	70.90	69.24
14	69+050	金一路桥	66.87	58.40	67.20	69.92	68.71
15	67+410	陶然路桥	66.86	53.70	66.80	68.99	67.85

续表 6-13

序号	桩号	洪痕标识点	2020 年"8·14"洪痕高程/m	河底高程/m	滩地高程/m	堤顶高程/m	设计水位/m
16	66+090	沂河南大桥		55.50	64.30	67.90	66.51
17	54+505	刘道口闸	61.74	52.30		63.50	61.07
18	52+855	肖庄水尺	57.83	50.80	58.80	62.20	60.20
19	47+810	李庄闸下	55.67	48.90	55.40	60.00	57.60
20	43+450	木柞三水尺	49.81	43.40	53.40	56.40	54.00
21	36+585	土山闸下	48.38	41.90	50.50	54.20	51.61
22	35+650	立朝水尺	46.31	38.40	49.30	52.90	
23	29+740	大店水尺	47.37	34.00	46.80	50.20	
24	26+900	洪福寺水尺	45.14	34.40	44.90	49.30	47.11
25	19+580	郯薛胜利桥	43.67	37.50	42.80	46.80	46.18
26	16+050	马头水尺	42.35	32.50		45.90	43.69
27	15+360	京沪高速跨沂河	41.70	31.10	41.80	45.80	43.91
28	7+830	倪楼水尺	40.20	28.40	39.10		
29	4+070	重坊桥	36.82	27.80	36.80	41.60	39.48
30	3+250	新村水尺	36.71	28.00	36.80	40.60	

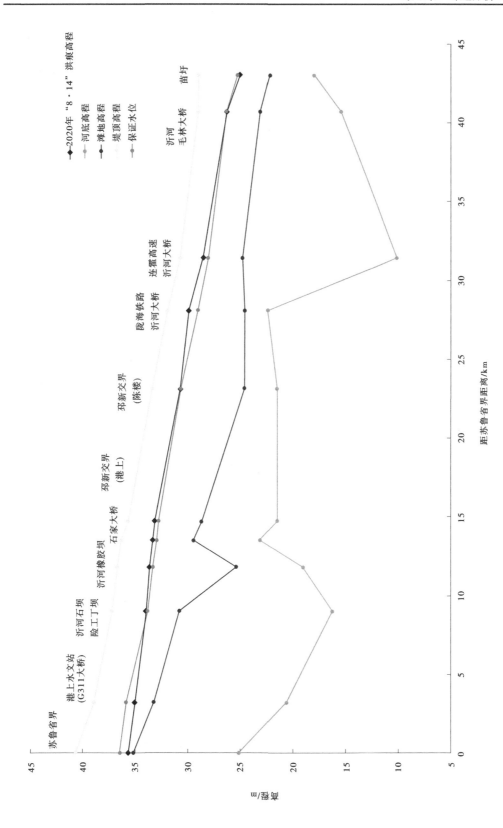

图 6-34　2020 年"8·14"洪水沂河（江苏段）重要断面最高水面线

表 6-14 沂河(江苏段)最高水面线数据

序号	桩号	洪痕标识点	2020年"8·14"洪痕高程/m	河底高程/m	滩地高程/m	堤顶高程/m	设计水位/m
1	0+000	苏鲁省界	35.60	25.19	35.17	40.66	36.44
2	3+200	港上水文站(G311大桥)	34.99	20.63	33.22	38.90	35.86
3	9+000	沂河石坝险工丁坝	33.88	16.31	30.79	37.20	33.81
4	11+800	沂河橡胶坝	33.60	19.05	25.42	36.69	33.28
5	13+500	石家大桥	33.30	23.18	29.41	36.32	32.97
6	14+710	邳新交界(港上)	33.10	21.49	28.65	35.66	32.76
7	23+130	邳新交界(陈楼)	30.64	21.52	24.61	33.37	30.64
8	28+093	陇海铁路沂河大桥	29.85	22.39	24.51	31.92	29.02
9	31+410	连霍高速沂河大桥	28.53	10.15	24.76	30.71	28.05
10	40+700	沂河毛林大桥	26.22	15.45	23.07	28.95	26.27
11	43+000	苗圩	25.03	18.00	22.10	28.90	25.20

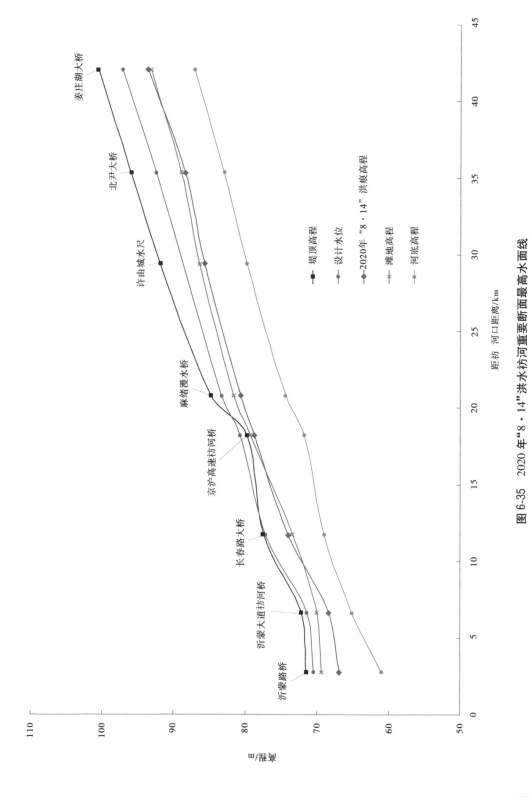

图 6-35　2020 年"8 · 14"洪水沂河重要断面最高水面线

表 6-15　祊河最高水面线数据

序号	桩号	洪痕标识点	2020年"8·14"洪痕高程/m	河底高程/m	滩地高程/m	堤顶高程/m	设计高水位/m
1	2+000	沂蒙路桥	66.86	61.00	69.30	71.50	70.43
2	4+200	后十水尺处	68.19				
3	6+310	蒙山大道祊河桥	68.35	65.10	70.00	72.20	71.42
4	11+620	长春路大桥	74.04	69.00	73.40	77.40	77.17
5	16+680	京沪高速祊河桥	78.71	71.80	79.30	79.80	80.70
6	19+360	麻绪漫水桥	80.64	74.40	81.60	84.79	83.29
7	29+500	许由城水尺	85.69	79.80	86.40	91.83	
8	29+900	沂邳线祊河大桥	85.70			92.22	
9	33+710	北尹大桥	88.35	83.00	88.90	95.90	92.38
10	37+600	新祊河大桥	89.29	83.00	90.00	95.90	
11	40+700	姜庄湖大桥	93.49	87.00	93.10	100.50	97.00

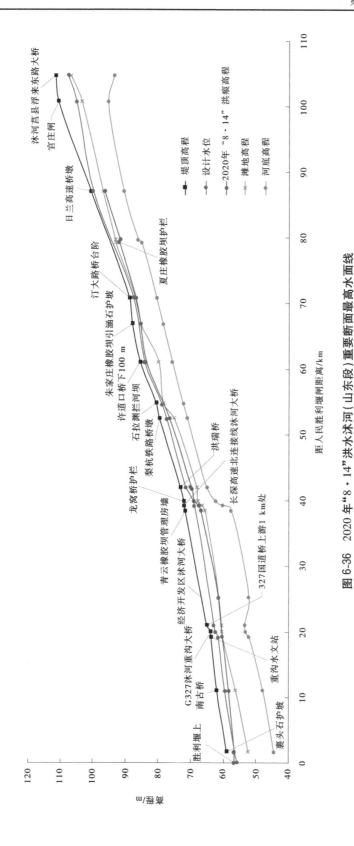

图 6-36 2020 年 "8 · 14" 洪水沭河（山东段）重要断面最高水面线

表 6-16 沭河（山东段）最高水面线数据

序号	桩号	洪痕标识点	2020年"8·14"洪痕高程/m	河底高程/m	滩地高程/m	堤顶高程/m	设计水位/m
1	0+000	胜利堰上	56.57				55.79
2	1+650	裴头石护坡	56.53	44.30	52.30	58.89	56.44
3	11+024	南古桥	58.35	47.80	56.20	61.97	59.60
4	19+180	重沟水文站	60.26	52.10		63.80	61.58
5	19+950	G327沭河重沟大桥		53.10	60.50	63.80	62.41
6	20+950	327国道桥上游 1 km 处		53.30	60.50	65.00	62.75
7	25+198	经济开发区沭河大桥	61.36	52.10	61.30	66.70	
8	38+430	青云橡胶坝管理房墙	66.84	57.50	65.60	71.70	
9	39+200	长深高速	67.46	60.30	66.60	72.00	68.80
10	39+850	龙窝桥护栏	68.82	62.50	67.80	72.14	
11	41+710	王家戈水尺	69.38				
12	41+980	洪端桥	69.68	65.00	68.10	73.16	71.47
13	52+460	梨杭铁路桥墩	76.38	71.00	75.10	79.58	77.37

续表 6-16

序号	桩号	洪痕标识点	2020年"8·14"洪痕高程/m	河底高程/m	滩地高程/m	堤顶高程/m	设计水位/m
14	54+580	长深高速北连接线沭河大桥					78.74
15	54+798	石拉渊拦河坝		72.30	78.40	80.60	
16	61+080	许道口桥下 100 m	83.50	75.60	79.80	85.50	84.03
17	66+900	朱家庄橡胶坝引涵石护坡	85.32	78.50	85.30	87.89	
18	70+830	汀大路桥台阶	86.81	80.50	87.00	88.80	87.50
19	79+250	夏庄橡胶坝护栏	91.66	85.00	93.00		
20	79+600	夏庄桥墩	91.64	85.90	93.00		
21	87+066	日兰高速桥墩	96.17	90.40	96.80	100.40	99.66
22	100+770	官庄闸		95.10	103.20	110.40	104.76
23	104+692	沭河莒县浮来东路大桥		93.30	106.50	111.30	107.31

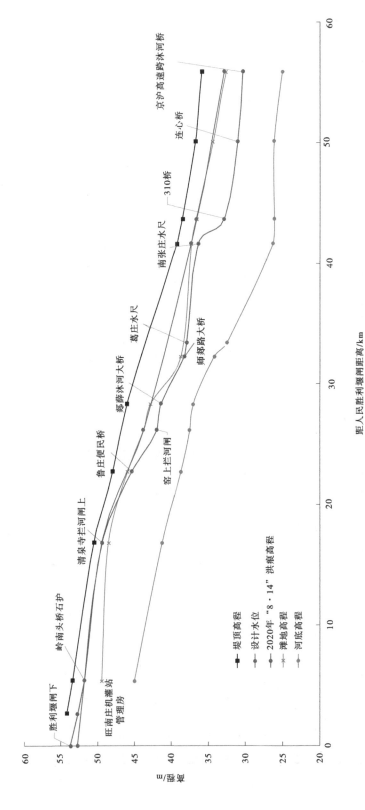

图 6-37 2020 年"8·14"洪水老沭河(山东段)重要断面最高水面线

表 6-17　老沭河（山东段）最高水面线数据

序号	桩号	洪痕标识点	2020年"8·14"洪痕高程/m	河底高程/m	滩地高程/m	堤顶高程/m	设计水位/m
1		旺南庄机灌站管理房	52.69			54.11	52.70
2	5+406	岭南头桥石护	51.76	45.20	48.10	53.33	
3		大岔村渡口管理房	50.67				
4		清泉寺取水口管理房	49.98				
5	16+881	清泉寺拦河闸上	49.38	39.90	47.60		
6		卸甲营橡胶坝管理房	48.65				49.40
7		团山石牌子	45.52				
8	22+754	鲁庄便民桥住房	45.30	38.70	44.70		
9	27+125	铭上拦河闸右岸下游	42.00	37.50			
10	28+365	郯薛路大桥	41.40	37.00			43.75
11	32+297	师郯沭河大桥	38.20	34.20	38.70		
12	33+450	葛庄水尺	37.85	32.50			
13	41+680	南张庄水尺	36.27	26.30	37.20	39.20	
14	43+700	310桥	32.82	26.10	34.10	38.50	
15		关村模袋	31.74				36.53
16	50+140	连心桥	30.96		34.90	36.70	
17		红花埠水文站	30.76	25.00			
18	55+946	京沪高速跨沭河桥	30.26	25.00	31.20	35.80	
19	57+660	楼下水尺	31.00	19.40	31.00	35.20	32.80

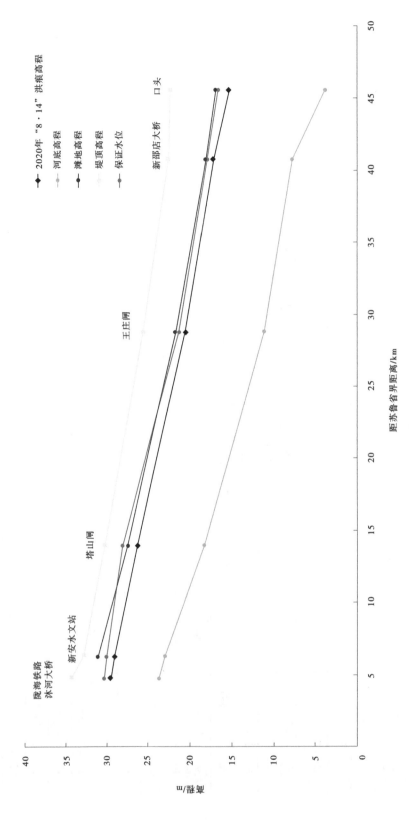

图 6-38　2020 年"8·14"洪水老沭河（江苏段）重要断面最高水面线

表 6-18 老沭河（江苏段）最高水面线数据

序号	桩号	洪痕标识点	2020年"8·14"洪痕高程/m	河底高程/m	滩地高程/m	堤顶高程/m	设计水位/m
1	0+000	苏鲁省界		17.70	30.70	35.82	32.55
2	4+750	陇海铁路沭河大桥	29.54	23.67		34.20	30.33
3	6+300	新安水文站	29.04	22.94	31.00	32.74	30.01
4	13+955	塔山闸	26.24	18.20	27.40	30.25	28.09
5	28+802	王庄闸	20.47	11.10	21.60	25.50	21.25
6	40+800	新部店大桥	17.04	7.70	18.00	22.42	17.87
7	45+560	口头	15.20	3.70	16.80	22.20	16.50

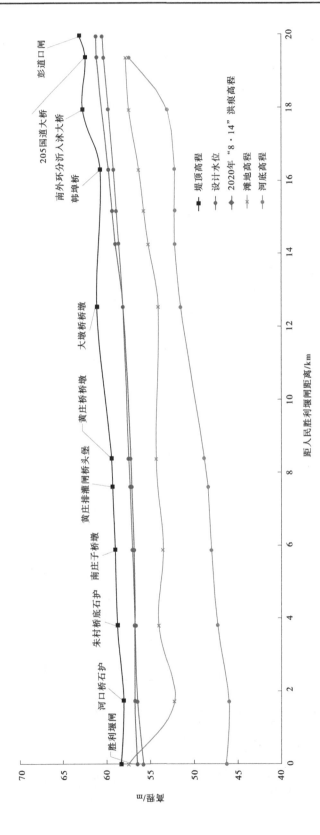

图 6-39　2020 年"8·14"洪水分沂入沭水道重要断面最高水面线

表 6-19　分沂入沭水道最高水面线数据

序号	桩号	洪痕标识点	2020年"8·14"洪痕高/m	河底高程/m	滩地高程/m	堤顶高程/m	设计水位/m
1		彭道口闸上	61.70				60.83
2	19+940	彭道口闸	61.19			63.10	60.48
3	19+374	205 国道大桥	61.13	57.40	57.80	62.45	60.28
4	17+938	南外环分沂入沭大桥	59.82	53.10	57.40	62.75	59.78
5	16+300	韩埠桥	59.38	52.20	56.30	60.75	59.23
6	15+160	岚罗高速左岸	59.02	52.20	55.70		58.89
7	14+260	韩家埠涵闸		52.20	55.20		58.59
8		东连埠涵闸					
9	11+650	大墩桥上游排水涵洞	58.29	51.50	54.10	61.17	58.13
10	12+534	大墩桥桥墩	58.09	48.80	54.30	61.10	57.42
11	8+377	黄庄桥桥墩	57.19	48.40		59.42	
12	7+600	黄庄排灌闸桥头堡	56.66			59.31	
13	7+500	黄庄穿涵闸					
14	5+878	南庄子桥墩	56.87	48.00	53.50	59.01	57.01
15	3+808	朱村桥底石护	56.73	47.30	54.00	58.75	56.78
16	1+736	河口桥石护	56.76	46.00	52.20	58.06	56.48
17	0+000	胜利堰闸	56.51	46.30	57.50	58.30	55.79

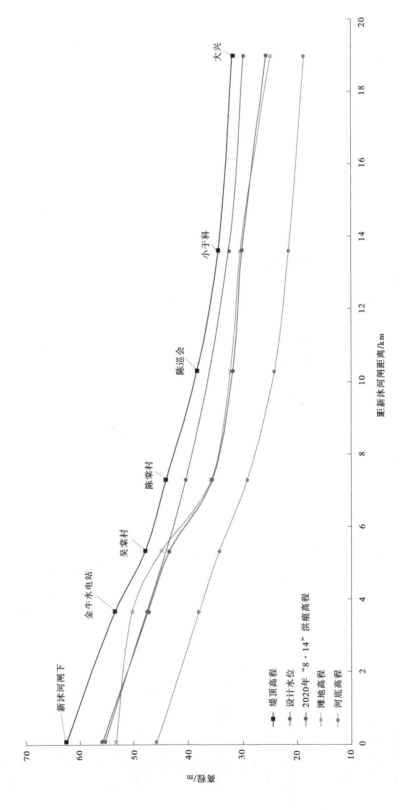

图 6-40　2020 年"8·14"洪水新沭河（山东段）重要断面最高水面线

表 6-20　新沭河（山东段）最高水面线数据

序号	桩号	洪痕标识点	2020 年"8·14"洪痕高程/m	河底高程/m	滩地高程/m	堤顶高程/m	设计水位/m
1	0+000	新沭河闸下	55.75	45.7	53.2	62.50	55.24
2	4+010	金牛水电站	47.21	37.9	50.2	53.37	
3	5+740	吴棠村	43.38	34.0	44.7	47.73	
4	7+744	陈棠村	35.50	29.1	35.7	43.88	40.35
5	10+310	陈巡会	31.70	24.1	32.1	38.24	
6	13+475	小于科	30.02	21.5	30.3	34.35	32.43
7	19+427	大兴	25.56	18.6	24.8	31.70	29.70

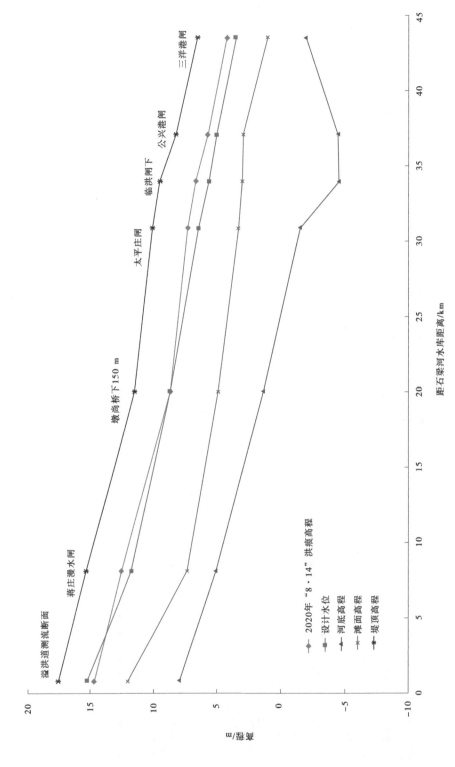

图 6-41　2020 年"8·14"洪水新沭河（石梁河坝下至三洋港闸）重要断面最高水面线

表 6-21 新沭河（石梁河坝下至三洋港闸）最高水面线数据

序号	桩号	洪痕标识点	2020年"8·14"洪痕高程/m	河底高程/m	滩地高程/m	堤顶高程/m	设计水位/m
1	0+800	溢洪道测流断面	14.70	7.94	12.0	17.60	15.26
2	8+100	蒋庄漫水闸	12.54	5.04	7.3	15.30	11.79
3	20+051	墩尚桥下 150 m	8.65	1.34	4.9	11.50	8.70
4	30+900	太平庄闸	7.25	-1.56	3.3	10.04	6.39
5	32+719	临洪闸下	6.65	-4.57	3.0	9.50	5.60
6	37+100	公兴港闸	5.67	-4.50	2.9	8.24	5.00
7	43+505	三洋港闸	4.18	-2.00	1.0	6.50	3.50

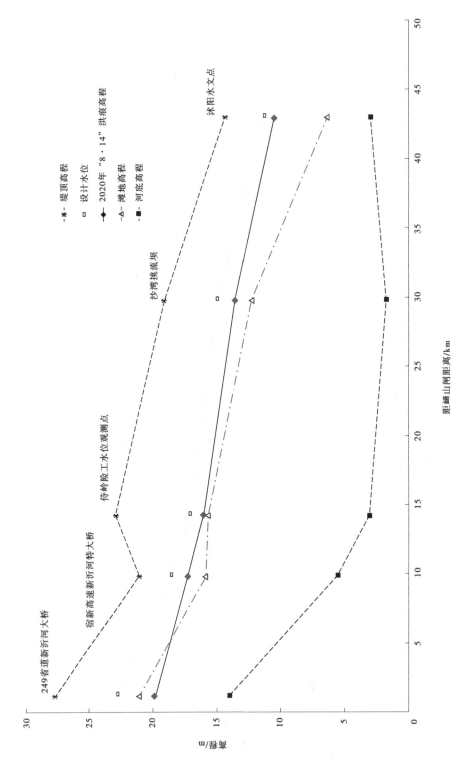

图 6-42　2020 年"8·14"洪水新沂河重要断面最高水面线

表 6-22　新沂河最高水面线数据

序号	桩号	洪痕标识点	2020 年"8·14"洪痕高程/m	河底高程/m	滩地高程/m	堤顶高程/m	设计水位/m
1	1+200	249 省道新沂河大桥	19.74	13.97	21.0	27.72	22.78
2	9+860	宿新高速新沂河特大桥	17.16	5.50	15.8	20.97	18.45
3	14+250	侍岭险工水位观测点	15.96	3.00	15.6	22.90	17.00
4	29+800	沙湾挑流坝	13.50	1.70	12.2	19.00	14.87
5	43+000	沭阳水文点	10.39	2.96	6.3	14.26	11.21
6	71+800	李恒遥测点	8.10	1.07	4.3	11.50	8.90
7	78+500	大陆湖观测站	7.80	1.13	3.6	11.00	8.42
8	81+500	李埠观测点	7.52	0.43	3.3	10.70	8.16
9	92+050	盐河南闸	6.56	−1.13	3.6	9.85	7.27
10	110+000	小潮河闸	5.59	−2.33	2.3	8.22	6.39
11	127+800	东友涵洞	5.01	−1.46	1.4	7.88	5.77

2020 年"8·14"大洪水期间,沂沭泗水利管理局各相关单位共收集整理行洪河段洪痕标识点 143 个。其中,行洪最高水位超滩地高程断面 77 处,占总数的 53.8%;行洪最高水位超设计水位断面 25 处,占总数的 17.5%。

6.5.2 沂河水系水面线分析

6.5.2.1 沂河

沂河(山东段)统计洪痕标识点共 30 处,其中 11 处超滩地高程,1 处超设计水位;沂河(江苏段)统计洪痕标识点共 11 处,其中全部超滩地高程,6 处超设计水位。

沂河刘家道口枢纽刘道口闸及闸上至沂河南大桥约 10 km 河道超设计水位运行,其余河道行洪均低于设计水位。

沂河上游至汤头大桥段河道行洪水位趋势基本符合设计水位趋势,且距设计水位均超过 3 m。玉平大桥至金一路桥段河道行洪水位距设计水位均在 2 m 左右,其中玉平大桥至北京路桥段部分河道洪水淹没滩地。受拦河闸坝及桥墩阻水的影响,陶然路桥处距设计水位不足 1 m。刘道口闸由于拦蓄洪水,超设计水位 0.67 m。沂河郯城段行洪水位线趋势与设计水位趋势存在差异,基本呈现一闸一波动的趋势,其中大店水尺下游河段洪水基本淹没滩地,且大店水尺与倪楼水尺处均贴近设计水位,大店水尺处距设计水位约 1 m,倪楼水尺处距设计水位约 0.8 m。

沂河(江苏段)石坝险工(9+000)至连霍高速沂河大桥段,最高行洪水位超设计水位 0.07~0.83 m,其中陇海铁路沂河大桥处超设计水位 0.83 m,为超高最大值,其他堤段行洪水位与设计水位持平或低于设计水位 0.05~0.87 m,堰上站处低于设计水位 0.87 m 为最大值。

6.5.2.2 祊河

祊河统计洪痕标识点共 11 处,其中 2 处超滩地高程。

祊河全线河道行洪水位低于设计水位,行洪水位线与设计水位线基本平行。除京沪高速祊河桥外(距设计水位 1.99 m),全线距设计水位均超过 2 m。

6.5.2.3 分沂入沭水道

分沂入沭水道统计洪痕标识点共 17 处,其中 8 处超滩地高程,8 处超设计水位。

分沂入沭水道彭道口闸下至大墩桥段河道行洪均超设计水位,大墩桥至朱村桥段河道行洪水位基本与设计水位持平,河口桥至胜利堰段水位逐渐壅高超设计行洪水位。

彭道口闸至大墩桥段河道淤积,水草茂盛,行洪能力下降,均超设计水位运行,彭道口闸超设计水位 0.87 m,彭道口闸下超设计水位 0.71 m,205 国道大桥超设计水位 0.85 m。大墩桥至朱村桥河段行洪水位低于设计水位,基本与设计水位持平,其中最大间距 0.23 m 位于黄庄桥处,最小间距分别位于大墩桥与朱村桥处仅约 0.05 m,十分接近设计水位。朱村桥下游由于汇集沭河来水水位壅高,超设计水位,其中胜利堰上超设计水位 0.72 m。

6.5.2.4 新沂河

新沂河统计洪痕标识点共 11 处,最高行洪水位均低于设计水位,其中 10 处超滩地高程。

新沂河嶂山闸以下 249 省道新沂河大桥处最高行洪水位低于设计水位 3.04 m 为最大值,新沂河沭阳以西其他河段水位差值一般为 1.04~1.37 m,沭阳以东河段水位差值一般为 0.62~0.82 m。

6.5.3　沭河水系水面线分析

6.5.3.1　沭河

沭河(山东段)统计洪痕标识点共 23 处,其中 10 处超滩地高程,2 处超设计水位;老沭河(山东段)统计洪痕标识点共 19 处,其中 14 处超滩地高程,3 处超设计水位;老沭河(江苏段)统计洪痕标识点共 7 处,均未超滩地高程。

沭河大官庄枢纽人民胜利堰闸及闸上至襄头约 2 km 河道因拦蓄洪水和承接分沂入沭来水超设计水位,其余全线河道行洪均低于设计水位,朱家庄橡胶坝至人民胜利堰段河道洪水均淹没滩地。

沭河上游至王家戈段河道行洪水位变化趋势与设计水位基本平行,其中汀大路桥至梨杭铁路段河道因承接陡山水库、浔河、汀水河及鲁沟河来水,行洪水位接近设计水位,一般距设计水位不足 1 m,许道口桥下距设计水位仅 0.53 m。受拦河闸坝阻水影响,龙窝桥处距设计水位仅 0.6 m。长深高速沭河桥至南古桥,河道行洪水位线变化平稳,受分沂入沭河道来水影响,人民胜利堰闸以上河段水位逐渐壅高,襄头石护坡超设计水位约 0.1 m,大官庄枢纽胜利堰闸超设计水位 0.78 m。

老沭河大官庄枢纽胜利堰闸下超设计水位,岭南头桥至清泉寺拦河闸段河道行洪水位与设计水位基本持平,清泉寺拦河闸下游山东境内河道行洪水位均低于设计水位。

胜利堰闸下超设计水位 0.91 m,行洪至旺南庄机灌站处与沭河古道合并河道加宽,洪水位下降,距设计水位约 1.19 m,至岭南头桥处汇合黄白总干排来水,行洪再次超设计水位约 0.12 m。清泉寺拦河闸处距设计水位仅 0.02 m,鲁庄便民桥处距设计水位仅 0.54 m,下游其余河道行洪水位距设计水位均超过 1 m,南张庄水尺处滩地多,水道狭窄,行洪能力下降,水位壅高,距设计水位约 1.09 m。

老沭河(江苏段)最高行洪水位均未超滩地高程及设计水位,最高行洪水位一般低于设计水位 0.78~1.85 m,其中以塔山闸处水位差值 1.85 m 为最大。

6.5.3.2　新沭河

新沭河(山东段)统计洪痕标识点共 7 处,其中 4 处超滩地高程,1 处超设计水位;新沭河(石梁河水库坝下—三洋港闸)统计洪痕标识点共 7 处,均超滩地高程,5 处超设计水位。

新沭河(山东段)除新沭河闸下超设计水位 0.51 m 外,其余全线均低于设计水位,其中金牛水电站处距设计水位 0.62 m,吴棠村距设计水位 1.01 m,其余河段行洪水位均距设计水位超过 2 m。

新沭河(江苏段,石梁河水库坝下—三洋港闸)的 7 个控制断面,除石梁河水库坝下以及墩尚桥下断面最高行洪水位低于设计水位外,其他 5 个断面最高行洪水位分别超过设计水位 0.67~1.05 m,以临洪闸下断面水位差值 1.05 m 为最大。

6.5.4　结论

2020 年"8 · 14"沂沭河大洪水,沂河、沭河、分沂入沭、新沭河均有部分堤段超设计水位。沂沭河直管河道控制水闸,有 4 处超设计水位,分别是沂河刘家道口节制闸、分沂入沭彭道口分洪闸、沭河人民胜利堰闸、新沭河泄洪闸;江苏省管河道新沭河太平庄闸、公兴港闸、三洋港闸等均超设计水位。此外,沂沭泗河主要河道另有 9 个控制站超警戒水位,分别是沂河葛沟站、临沂站、堰上站,沭河重沟站、新安站,新沂河沭阳站,新开河桐槐树站,泗河书院站,韩庄运河台儿庄闸站等。

6.6 新沂河沭阳河段行洪能力分析

6.6.1 基本情况

沭阳站位于新沂河干流,该站设立于 1950 年 7 月,1963 年 6 月 1 日断面上迁 3 192 m,1975 年 6 月 1 日断面再次上迁 647 m。

沭阳站距上游嶂山闸 43 km,距离下游入海口 101 km。

沭阳站测验断面为双复式断面,宽为 1 300 m。南北主泓宽分别为 260 m 和 190 m,中泓滩地有多处积沙、串沟、沙塘。

沭阳站历史实测最大洪水为 1974 年 8 月 16 日,最大流量为 6 900 m³/s,相应的历史最高水位为 10.82 m(采用比降法将老断面水位改正到现断面,下同);2019 年,沭阳站出现历史最高水位 11.31 m(8 月 12 日),实测最大流量 5 900 m³/s(8 月 12 日);2020 年,沭阳站实测最大流量 4 860 m³/s(8 月 15 日),最高水位 10.39 m(8 月 16 日)。

6.6.2 水位流量关系分析

沭阳站典型年洪水水位流量关系对比见图 6-43。从图 6-43 中可以看出,1974 年和 2008 年以来实测水位流量点据呈密集条带状分布,受洪水涨落影响,均呈不稳定绳套曲线关系。

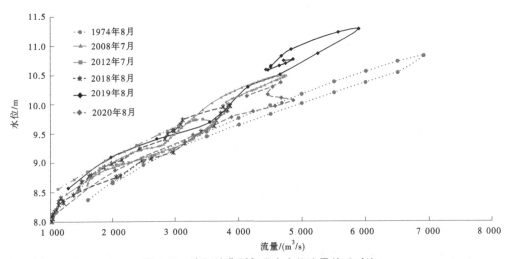

图 6-43 沭阳站典型年洪水水位流量关系对比

2020 年沭阳站典型年各级流量下水位对比见表 6-23。从表 6-23 中可以看出,各级流量下,较 2008 年、2012 年、2020 年沭阳断面水位变化不大;较 2018 年、2019 年、2020 年沭阳断面水位降幅较大,降低 0.11~0.53 m,行洪能力有所提高。

表 6-23　沭阳站典型年各级流量下水位对比(涨水段)

流量/ (m³/s)	水位/m						水位差/m				
	1974 年	2008 年	2012 年	2018 年	2019 年	2020 年	2020 年 与 1974 年 相比	2020 年 与 2008 年 相比	2020 年 与 2012 年 相比	2020 年 与 2018 年 相比	2020 年 与 2019 年 相比
3 000	9.23	9.26	9.25	9.64	9.44	9.33	0.10	0.07	0.08	-0.31	-0.11
3 500	9.45	9.58	9.48	9.77	9.74	9.58	0.13	0	0.10	-0.19	-0.16
4 000	9.65	10.14			10.26	9.82	0.17	-0.32			-0.44
4 500	9.83	10.37			10.48	9.95	0.12	-0.42			-0.53

2020 年沭阳站与往年各级水位下流量比较见表 6-24 和图 6-44,从表 6-24 中可以看出,各级水位下,较 2008~2018 年,2020 年新沂河沭阳段流量变化不大,变幅为±6%;与 2019 年各级水位下流量相比,2020 年沭阳段行洪流量有所增大,变幅为 12%~22%。

表 6-24　沭阳站 2020 年与往年各级水位下流量比较(涨水段)

水位/ m	流量/(m³/s)						2020 年与 1974 年相比		2020 年与 2008 年相比		2020 年与 2012 年相比		2020 年与 2018 年相比		2020 年与 2019 年相比	
	1974 年	2008 年	2012 年	2018 年	2019 年	2020 年	流量 变量/ (m³/s)	变幅/ %	流量 变量/ (m³/s)	变幅/ %	流量 变量/ (m³/s)	变幅/ %	流量 变量/ (m³/s)	变幅/ %	流量 变量/ (m³/s)	变幅/ %
9.0	2 570	2 230	2 180	2 428	1 927	2 313	-257	-10	83	4	133	6	-115	-5	386	20
9.5	3 620	3 400	3 420	3 363	3 000	3 356	-264	-7	-44	-1	-64	-2	-7	0	356	12
10.0	4 970	3 820	—	—	3 860	4 690	-280	-6	870	1	—	—	—	—	830	22
10.5	6 380	4 680	—	—	4 626	—	—		—		—		—		—	

根据东调南下续建工程新沂河治理工程相关设计,沭阳站 50 年一遇设计水位为 11.40 m(废黄河口基面),设计流量为 7 800 m³/s。根据 2020 年沭阳站水位流量关系线,并做适当外延,可推算沭阳站水位 11.40 m 时的流量约为 6 900 m³/s,较设计流量小 900 m³/s;流量 7 800 m³/s 时,水位约为 11.80 m,较设计水位高 0.40 m。

6.6.3　结果与讨论

新沂河沭阳段行洪能力呈下降趋势。根据东调南下续建工程新沂河治理工程相关设

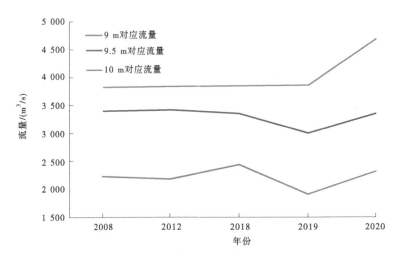

图 6-44　沭阳站典型年各级水位下流量变化

计,沭阳站 50 年一遇设计水位为 11.40 m(废黄河口基面),设计流量为 7 800 m³/s。根据 2020 年沭阳站水位流量关系线,并做适当外延,可推算沭阳站水位 11.40 m 时的流量约为 6 900 m³/s,较设计流量小 900 m³/s;流量 7 800 m³/s 时,水位约为 11.80 m,较设计水位高 0.40 m。

2020 年糙率较规划成果变化不大。新沂河嶂山—沭阳河段规划主槽糙率 0.028,滩地糙率 0.038,2020 年洪水过程为全断面行洪,糙率计算结果为 0.025 ~ 0.043;受水力比降值偏大影响,2020 年糙率较 2018 年、2019 年整体偏大。

6.7　南四湖二级坝闸下泄流量变化分析

6.7.1　流域概况

南四湖流域位于沂沭泗流域西部,由南阳湖、昭阳湖、独山湖和微山湖 4 个湖泊组成,是我国第六大淡水湖泊,也是华北地区的最大淡水湖泊。1960 年二级坝枢纽建成后,南四湖分为上、下两级湖。南四湖流域面积 3.17 万 km²,设计水位时的相应库容 60.12 亿 m³ (其中上级湖 25.32 亿 m³,下级湖 34.8 亿 m³)。南四湖流域多年平均降水量 707 mm,汛期 6~9 月降水量 503 mm,占比 71.1%。1949 年中华人民共和国成立以后,南四湖流域以 1957 年洪水为最大,在没有修筑二级坝和湖西大堤的情况下,南阳湖最高水位 36.48 m,微山湖最高水位 36.28 m。根据分析计算,1957 年洪水,南四湖 30 d 洪量 114 亿 m³,洪水在 35.0 m 高程以上持续时间长达 84 d,湖西部分地区一直到第二年 3 月才退尽。

6.7.2　二级湖闸下泄流量变化分析

南四湖上级湖、下级湖的汛限水位分别为 34.20 m 和 32.50 m,上级湖、下级湖的汛末蓄水位分别为 34.50 m、32.50 m,二级坝闸上、下游水位差一般保持在 1.7~2.0 m。南四湖为狭长型浅水湖泊,南北长 125 km,东西宽 6~25 km,平均水深 1.5 m。当二级坝闸大流量下泄时,刚开闸时瞬时泄流量一般都比较大,可以在 1~2 h 内把闸前的有限蓄水泄至下级湖,使闸前水位迅速下降,闸下水位迅速上升,闸上下游水位差逐步减小,下泄流量也会逐步减小,尤其是当闸门提出水面时,此时的二级坝闸的下泄流量基本代表了当时工况下的二级坝闸的泄流能力。

1998~2001 年、2007~2012 年先后两次实施了南四湖内浅槽一期、二期工程的开挖,浅槽工程的实施,连通了上级湖南阳湖上下游,改善了二级坝闸的入流条件,对南四湖泄流能力的提高产生了积极影响。

6.7.2.1　1960~1998 年二级坝闸泄流典型年情况分析

1963 年,沂沭泗流域 7 月、8 月两个月的总降水量 668 mm,为历年同期最大,占汛期总雨量的 90%。南四湖各支流本年洪峰流量均不大,但南四湖 30 d 洪量达 50 亿 m³,仅次于 1957 年、1958 年。南阳站 8 月 9 日最高水位 36.08 m,微山站 8 月 17 日最高水位 34.68 m,都仅次于 1957 年。二级坝一闸已于 1960 年 5 月建成。二级坝闸当年最大下泄流量 1 240 m³/s(8 月 11~12 日)。

1978 年,二级坝一闸、二闸、三闸均已建成。二级坝闸 7 月 14 日下泄流量 2 110 m³/s,为 1960~1998 年期间最大下泄瞬时流量,当日平均泄流量 970 m³/s。当年,上级湖南阳站 7 月 15 日最高水位 34.95 m,下级湖微山站 9 月 1 日最高水位 32.70 m。

1993 年,二级坝闸 8 月 6 日流量 1 280 m³/s,为 1960~1998 年期间最大日均流量,当年最大瞬时流量 1 680 m³/s。南阳站 8 月 9 日最高水位 35.00 m,下级湖微山站 8 月 20 日最高水位 32.70 m。

1998 年,南阳站 8 月 17 日最高水位 35.11 m,下级湖微山站 9 月 15 日最高水位 32.80 m。二级坝闸 8 月 16 日下泄流量 1 160 m³/s,为年最大泄量。

以南四湖"1998·8"洪水为例,24 h 二级坝闸前水位下降 0.38 m,闸下水位上升 0.55 m,48 h 闸前水位下降 0.67 m,闸下水位上升 0.90 m;而同时段内,南阳站水位 24 h 上升 0.2 m,48 h 上升 0.35 m。之后,二级坝闸上、下游以及南阳站水位都进入了一个变化较为缓慢、二级坝闸泄流较为稳定的阶段。二级坝闸开始泄流时的泄流量可以达到 1 060 m³/s,随着二级坝闸上、下游水位差的逐步减小,后来的下泄量一般稳定在 750 m³/s 左右。

根据表 6-25 分析结果,当南阳站水位达到 35.00 m 左右,二级坝闸前水位 33.50~33.70 m(1963 年只有一闸建成,二级坝闸下泄能力不足,闸前水位较高),闸上、下游水位差为 0.02~0.05 m 时,二级坝闸的泄流能力一般为 1 000~1 100 m³/s。另外,同样是下泄 1 100 m³/s,南阳站及二闸闸前平均水位 1998 年较 1993 年分别上升了 0.06 m 和 0.10 m,较 1978 年分别上升了 0.16 m 和 0.19 m,说明南四湖 20 世纪 90 年代的泄流能力较 70 年代有了明显降低(主要原因是湖内行洪不畅以及位于南阳岛以南的抗旱坝拆除不彻底,造成了湖内上级湖上、下游水位差加大)。

表 6-25 二级坝闸泄流能力分析

控制站名	项目	洪水时段			
		1963 年 8 月 11~12 日	1978 年 7 月 15~16 日	1993 年 8 月 8~11 日	1998 年 8 月 26~29 日
南阳	水位/m	36.05~36.07	34.91~34.93	34.94~34.98	34.98~35.05
	平均水位/m	36.06	34.92	34.96	35.02
	变化范围/m	0.02	0.02	0.04	0.07
二级坝闸上	水位/m	35.42~35.43	33.49~33.50	33.56~33.63	33.67~33.69
	平均水位/m	35.43	33.50	33.58	33.68
	变化范围/m	0.01	0.01	0.07	0.02
上级湖	平均水位/m	35.72~35.75	34.77~34.79	34.60~34.65	34.74~34.81
二级坝闸	上下游水位差/m	0.21~0.23	0.03~0.15	0.03~0.32	0.03
	流量/(m³/s)	1 240	1 100	1 000~1 100	1 060

6.7.2.2 2003~2005 年二级坝闸泄流情况分析

2003~2005 年，沂沭泗流域连续三年汛期降水偏多，南四湖二级坝闸连续三年大流量泄洪，与"1998·8"洪水对比情况见表 6-26。

表 6-26 二级坝闸 1998 年、2003 年、2004 年、2005 年汛期泄流情况分析对照

项目	1998 年	2003 年	2004 年	2005 年
南阳站最高水位/m 及发生日期	35.11 (8 月 17 日)	35.28 (9 月 7 日)	35.07 (8 月 30 日)	35.35 (9 月 22 日)
微山站最高水位/m 及发生日期	32.80 (9 月 15 日)	33.36 (10 月 14 日)	32.91 (9 月 3 日)	33.44 (10 月 3 日)
南阳站出现最高水位/m	35.11	35.28	35.07	35.35
马口站相应水位/m	34.48	35.06	34.69	35.09
二级坝闸上、下相应水位/m	33.53/33.50	34.27/34.25	34.21/34.18	34.78/34.74
微山站相应水位/m	32.61	32.97	32.78	32.92
韩庄站相应水位/m	32.33	32.34	32.73	32.69
南阳站与马口站水位差/m	0.63	0.22	0.38	0.26
南阳站与二级坝闸上水位差/m	1.58	1.01	0.86	0.57
二级坝闸上、下水位差/m	0.03	0.02	0.03	0.04
二级坝闸下与微山站水位差/m	0.89	1.28	1.40	1.82
二级坝闸下与韩庄站水位差/m	1.17	1.91	1.45	2.05
微山站与韩庄站水位差/m	0.28	0.63	0.05	0.23
南阳站与微山站水位差/m	2.50	2.31	2.29	2.43

续表 6-26

项目	1998 年	2003 年	2004 年	2005 年
南阳站与韩庄站水位差/m	2.78	2.94	2.34	2.66
二级坝闸下与韩庄 最大水位差/m	1.64 (8 月 28 日)	1.99 (9 月 6 日)	1.41 (8 月 31 日)	2.06 (9 月 22 日)
南阳站水位高于 35.0 m 以上天数/d	11	9	3	10
二级坝枢纽出现最大 下泄流量/(m³/s)及发生日期	1 160 (8 月 16 日)	1 060 (9 月 8 日)	2 310 (8 月 31 日)	2 180 (9 月 20 日)
日均最大下泄流量/(m³/s) 及发生日期	1 120 (8 月 27 日)	1 060 (9 月 9 日)	2 310 (9 月 1 日)	2 010 (9 月 23 日)
二级坝闸上、下水位/m	34.03/33.40	34.12/34.08	34.31/34.28	34.26/34.06
二级坝闸上、下水位差/m	0.63	0.04	0.03	0.20(0.03)
一闸运行状态	关闸	全开	全开	全开
二闸运行状态	32 孔×2.0 m	全开	全开	全开
三闸运行状态	36 孔×0.5 m	全开	全开	全开
二级坝闸汛期闸门 运行时段(月-日)	08-15~09-01, 09-06~09-12	09-01~09-27	07-18~09-27	06-30~08-08, 09-16~10-23
二级坝闸汛期开闸运行天数/d	28	27	60	73
二级坝闸敞泄时最大泄量/(m³/s) 及发生日期	1 160 (8 月 16 日)	1 060 (9 月 4 日)	2 310 (8 月 31 日)	2 180 (9 月 20 日)
二级坝闸敞泄天数/d	16	10	7	19

根据表 6-26 分析对照可见:

(1)当南阳站出现最高水位时,南阳与二级坝闸上的水位差有明显减少的趋势。"1998·8"洪水时水位差为 1.58 m,"2003·9"洪水、"2004·8"洪水、"2005·9"洪水水位差分别减小到 1.01 m、0.86 m 和 0.57 m。这说明行洪通道的开挖对上级湖的洪水下泄产生了积极影响。

(2)二级坝闸的瞬时下泄流量逐渐增大。二级坝闸开始畅泄时的瞬时下泄流量"1998·8"洪水时为 1 160 m³/s,"2003·9""2004·8"洪水、"2005·9"洪水时分别为 1 060 m³/s、2 310 m³/s 和 2 180 m³/s。

(3)二级坝闸的日均下泄流量逐渐增大。二级坝闸日均最大下泄流量"1998·8"洪水时 1 120 m³/s,"2003·9"洪水、"2004·8"洪水、"2005·9"洪水时分别为 1 060 m³/s、2 310 m³/s 和 2 010 m³/s。"1998·8"洪水、"2003·9"洪水、"2004·8"洪水,最大瞬时流量与最大日均流量一致或接近,恰能说明此时的流量值基本就是此种工况下的二级坝闸最大泄流能力。

6.7.2.3 2018 年 8~9 月二级坝闸泄流情况分析

2018 年 8 月 17 日,第 18 号台风"温比亚"在上海浦东新区南部沿海登陆,登陆后继续向西北方向移动。受其影响,8 月 17~19 日,南四湖地区出现连续强降水过程,过程降水量 198.6 mm,最大点雨量南四湖湖西沛县沿河栖山站 456.5 mm。连续强降水导致南四湖水位快速上涨,二级坝闸、韩庄闸等控制性水闸大流量泄洪。

根据整编资料分析,上级湖南阳站 8 月 21 日出现最高水位 34.92 m。8 月 20~23 日,二级坝闸闸门提出水面,最大下泄流量 3 490 m³/s,刷新 1960 年二级坝枢纽建成以来最大下泄流量纪录。南阳站出现最高水位 34.92 m 时,南阳与二级坝闸上的水位差 0.76 m,南阳站最高水位较"1998·8"洪水低 0.82 m,较"2003·9"洪水低 0.25 m,较"2004·8"洪水低 0.10 m,较"2005·9"洪水高 0.19 m。南四湖湖内浅槽开挖,改善了上级湖湖内洪水传播条件,提高了二级坝闸的泄流能力。

6.7.2.4 2020 年 8 月二级坝闸泄流情况分析

2020 年 8 月 5~7 日,南四湖地区出现强降水天气,3 d 累计降水量 139 mm,最大点雨量马口站 365 mm,南四湖水位快速上涨,二级坝闸、韩庄闸等控制性水闸闸门提出水面,大流量泄洪。

上级湖南阳站 8 月 8 日出现最高水位 34.82 m。8 月 7~11 日,南四湖二级坝闸闸门提出水面,最大下泄流量 2 670 m³/s。南阳站出现最高水位 34.92 m 时,南阳与二级坝闸上的水位差 0.56 m,较"1998·8"洪水降低 1.02 m,较"2005·9"洪水低 0.01 m,较"2018·8"洪水低 0.20 m,说明南四湖湖内浅槽的开挖,改善了上级湖湖内洪水传播条件,提高了二级坝闸的泄流能力。与"1998·8"洪水、"2005·9"洪水、"2018·8"洪水的对比情况见表 6-27。南四湖 2018 年 8 月、2020 年 8 月主要控制站水位过程线见图 6-45。

表 6-27 二级坝闸 1998 年、2005 年、2018 年、2020 年汛期泄流情况分析

项目	1998 年	2005 年	2018 年	2020 年
南阳站最高水位(m)及发生日期	35.11 (8 月 17 日)	35.35 (9 月 22 日)	34.92 (8 月 21 日)	34.82 (8 月 8 日)
微山站最高水位(m)及发生日期	32.80 (9 月 15 日)	33.44 (10 月 3 日)	32.77 (8 月 26 日)	32.86 (8 月 12 日)
南阳站出现最高水位/m	35.11	35.35	34.92	34.82
马口站相应水位/m	34.48	35.09	34.51	34.56
二级坝闸上、下相应水位/m	33.53/33.50	34.78/34.74	34.16/34.15	34.26/34.24
微山站相应水位/m	32.61	32.92	32.37	32.63
韩庄站相应水位/m	32.33	32.69	31.71	32.22
南阳站与马口站水位差/m	0.63	0.26	0.41	0.26
南阳站与二级坝闸上水位差/m	1.58	0.57	0.76	0.56
二级坝闸上、下水位差/m	0.03	0.04	0.01	0.02
二级坝闸下与微山站水位差/m	0.89	1.82	1.78	1.61
二级坝闸下与韩庄站水位差/m	1.17	2.05	2.44	2.02
微山站与韩庄站水位差/m	0.28	0.23	0.66	0.41
南阳站与微山站水位差/m	2.50	2.43	2.55	2.19

续表 6-27

项目	1998 年	2005 年	2018 年	2020 年
南阳站与韩庄站水位差/m	2.78	2.66	3.21	2.60
二级坝闸下与韩庄最大水位差/m	1.64 (8 月 28 日)	2.06 (9 月 22 日)	2.44	2.04
南阳站水位高于 35.0 m 以上天数/d	11	10	0	0
二级坝枢纽出现最大下泄流量/ (m³/s) 及发生日期	1 160 (8 月 16 日)	2 180 (9 月 20 日)	3 490 (8 月 20 日)	2 670 (8 月 7 日)
日均最大下泄流量/(m³/s) 及发生日期	1 120 (8 月 27 日)	2 010 (9 月 23 日)	1 570 (8 月 20 日)	
二级坝闸上、下水位/m	34.03/33.40	34.26/34.06	33.88/33.81	34.02/33.97
二级坝闸上、下水位差/m	0.63	0.20(0.03)	0.07	0.05
一闸运行状态	关闸	全开	全开	27 孔×1.5 m
二闸运行状态	32 孔×2.0 m	全开	全开	全开
三闸运行状态	36 孔×0.5 m	全开	41 孔×1.0 m	28 孔×1.5 m
二级坝闸汛期闸门运行时段(月-日)	08-15~09-01, 09-06~09-12	06-30~08-08, 09-16-10-23	08-20~09-02, 09-20~09-25	08-07~08-23, 08-25~08-30
二级坝闸汛期开闸运行天数/d	28	73	20	23
二级坝闸敞泄时最大泄量/(m³/s) 及发生日期	1 160 (8 月 16 日)	2 180 (9 月 20 日)	3 490 (8 月 20 日)	2 670 (8 月 7 日)
二级坝闸敞泄天数/d	16	19	4	5

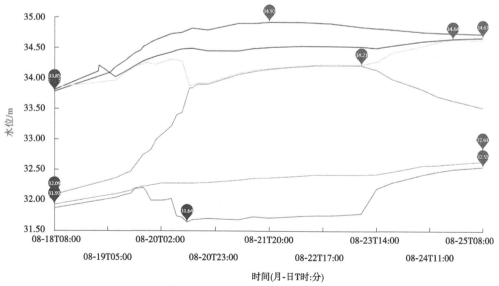

图 6-45 南四湖 2018 年 8 月主要控制站水位过程线

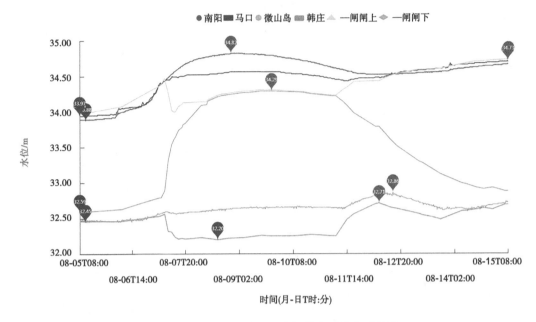

图 6-46　南四湖 2020 年 8 月主要控制站水位过程线

6.7.3　结语与讨论

6.7.3.1　结语

(1)中华人民共和国成立以来南四湖地区的最大洪水,以二级坝未建成前的 1957 年为最大,南四湖 30 d 洪量 114 亿 m³,南阳站最高水位 36.48 m(7 月 25 日),微山站最高水位 36.28 m(8 月 3 日)。

(2)南四湖二级坝枢纽建成后的 20 世纪 60 年代至 20 世纪末,上级湖南阳站出现 35.00 m 及以上高水位时,二级坝闸的最大下泄流量一般只有 1 100~1 200 m³/s。

(3)1998~2001 年实施了南四湖湖内浅槽一期工程,提高了二级坝闸的泄流能力。2004~2005 年,上级湖南阳站出现超过 35.00 m 的高水位时,二级坝闸的最大下泄流量为 2 100~2 300 m³/s。

(4)2007~2012 年实施了南四湖湖内浅槽二期工程,使得二级坝闸泄流条件继续得到改善,泄流能力继续得到提高。2018 年、2020 年,上级湖南阳站出现低于 35.00 m 水位时(34.80~34.90 m),二级坝闸的最大下泄流量提高到了 3 000~3 500 m³/s。

6.7.3.2　讨论

1957 年大水,距今已过去了 60 余年,经过多年持续治理,南四湖流域的水利工程面貌发生了较大改变,为抵御洪水奠定了一定的物质基础,目前南四湖整体防洪标准已提高到了 50 年一遇。南四湖湖内行洪通道的开挖,使得二级坝闸的下泄流量由 20 世纪 60 年代的 1 100~1 200 m³/s 增加到了现在的 3 000~3 500 m³/s,对南四湖上级湖洪水的及时下泄无疑起到了积极作用,但南四湖行洪不畅问题依然存在,虽然目前上级湖南阳站至二级坝闸上水位差较 20 世纪末减小了 1.00 m 左右(1998 年水位差 1.58 m,2020 年为 0.56 m),而二级坝闸下至微山站的水位差却在逐年增大,"1998·8"洪水、"2005·9"洪水、

"2019·8"洪水、"2020·8"洪水,二级坝闸下至微山站的水位差分别为 0.89 m、1.82 m、1.78 m 和 1.61 m,说明下级湖行洪不畅问题依然存在,而且较上级湖更加突出。二级坝枢纽建成至今已有 60 余年,至今尚未经过设计标准大洪水以及闸坝设计工况的实际运行考验,二级坝以下至微山段实际存在着卡口湖段,影响下级湖湖内的洪水下泄,以上这些都为今后迎战流域大洪水留下了许多未知和疑问,南四湖湖内行洪不畅(主要指二级坝至微山湖段)问题应该通过工程措施早日加以解决。

第 7 章　问题及建议

沂沭泗水系水文测报、水文气象情报预报等工作,在全面战胜 2020 年流域性洪水中发挥了重要作用,同时反映出测报工作还不能完全满足现代防汛抗洪的需要,主要体现在流域的水文监测能力不足、水文预报能力不足、水情服务水平有待提高等方面。

7.1　水文监测能力有待提升

7.1.1　水文站网不足,需要完善补充

近年来,随着自然地理气候特性的变化,极端天气和局部旱涝灾害的频繁发生,以及社会经济发展对防汛抗旱减灾、最严格水资源管理制度、河长制的高标准要求,使得目前流域内现有水文测报站网显得不足,不能全面有效地满足防汛抗旱、水资源管理等需要。

目前,流域蓄洪区没有水文观测设施,沂沭河大部分拦河闸坝、南四湖大部分支流入湖口处没有水文测报站,为满足防汛抗旱、水资源管理等工作,需要对蓄洪区、沂沭河拦河闸坝、南四湖支流入湖口增设专用报汛站。

随着中小河流水文监测系统、水利工程带水文、城市水文、水资源监测等工程项目实施和水文职能的扩展,国家基本站、中小河流站、城市水文站、水资源监测站等各类站点出现交叉和重叠问题。建议统一指导站网优化方案,并对功能重合的站点更新测验任务。

7.1.2　水文测报手段不足,需要改善

沂沭泗水系现有的水文测验设施多建于 20 世纪 70 年代,存在着观测场地不标准、测验设备陈旧老化、站房标准低等问题。近几年,虽然国家加大了对水利的投入,但远不能满足现代水利、智慧水利对水文事业提出的要求。2020 年洪水中,部分基层报汛站仍采用传统人工测流,严重影响了水情信息的精度和时效性。因此,必须加快完善水文自动测报系统的建设,特别是流量在线监测技术,大力推广新技术,提高水文自动测报的能力,更好地为现代防汛服务。

近年来,由于河道治理工程的实施,河道下垫面条件发生较大变化,大量河道拦蓄工程的修建,对河道水文情势的影响极大,给传统的水文测验带来很大影响,河道原有系列与近期水文资料代表性和连续性出现差异。建议及时展开专题研究,增加测验补充措施和调整水文调查工作任务。

7.1.3　水文应急监测能力不足,需要加强

近年来,受全球气候变化加剧和人类活动影响,局地突发强降水、区域性严重干旱以

及持续高温、强对流天气等极端事件明显增多,且往往是多灾并发、重灾频发、旱涝急转,灾害影响日益加剧,安全威胁更趋严重,防御难度不断加大。不断完善应急测报预案,严格落实责任、人员和装备。要强化水文应急测报,积极应用无人机、三维全息摄影、卫星遥感等新技术,提高应对突发水事件水文应急分析能力。要加强山洪预报、溃坝影响计算、洪水淹没风险评估等综合预测分析,为应急指挥决策提供信息保障。

近年来,沂沭泗水系突发水事件、重大及突发性水污染等情况偶有发生,特别是在应对 2009 年邳苍分洪道砷污染事件和 2014 年南四湖生态应急调水等,凸显沂沭泗水系水文应急监测能力亟待加强,实时准确掌握突发水事件现场的水文应急测验第一手资料。

7.2　水文预报能力有待加强

7.2.1　加强洪水预报方法研究

7.2.1.1　加强水文气象耦合方法研究

洪水预报预见期的长短,直接关系到洪水调度的决策,关系到人民生命财产的安全。为了有效地增长预见期,赢得科学决策的时间,非常有必要加强降雨洪水的耦合预测。降雨洪水耦合预测的关键是提高降水预测的精度,一是要研究以数值预报为主,综合利用天气图、云图等多源信息复合的预测技术,二是要研究特定区域暴雨的成因,加强统计分析,做出概率预报,为风险决策提供科学依据。

7.2.1.2　加强水文水动力耦合研究

水文预报是进行防汛指挥决策的科学依据,对洪水调度、抗洪抢险工作具有极其重要的作用,水文预报的精度及预见期的长短对防洪决策影响重大。目前,沂沭泗水系常用的是水文学方法,但流域平原区水流运动单纯用水文学方法模拟,预报精度难以保证,加强水文水动力学耦合模型的研究,实现洪水预报调度的耦合,提高水文预报精度和预见期。

7.2.2　加强智慧型洪水预报平台建设

在集成现有的洪水预报系统成果基础上,充分利用数值预报技术开展基于遥感、地面观测等多源数据同化技术,建设气象水文耦合的水文预报预警系统。增加预报模式,包括智能洪水预报及人机交互洪水预报等模式。增加动态参数率定功能,根据最新的下垫面条件和洪水特性,实时动态更新模型参数。根据历史洪水的降水(量级、历时、前期雨湿)、洪水特性(洪峰、洪量、洪水历时、涨率、起涨流量)等统计特征,利用数据挖掘等统计分析方法,开发基于大数据挖掘的相似性预报技术。增加基于水文水动力学耦合的一、二、三维洪水演进模型。增加实时校正功能,通过对洪水预报误差的统计分析,对计算结果进行滚动修正和智能校正。完善新一代开放式水文预报通用平台,将各类水文预报方案和模型以可装卸的方式集成到水情预测预报预警系统。

利用新一代信息技术,升级完善沂沭泗水系水文预测预报预警和信息服务平台。升级沂沭泗水情信息系统、完善沂沭泗洪水预报模型、升级改造预测预报系统,建设预报预警发布平台,整合现有各类预测预报预警及综合服务平台,建成集气象、实时水雨情、墒情、洪水、径流、泥沙等信息于一体,具有智能分析功能的预警预报综合服务平台。平台应突出数据集成、模型集成和系统集成功能,强调气象水文模型的智慧化水平,提升气象水文信息的可视化效果。

7.3 水情服务水平有待提高

水情工作是水文服务经济社会的重要方面,也是向各级领导和社会展示水文的重要窗口。水情工作的好坏关系到水文事业的发展和水文人的形象。要做好水情工作,首先要做好各级政府和社会公众关注的重点、热点和难点问题,下功夫把工作做好。当前,在防汛方面,在继续做好主要河道洪水预报工作的同时,要积极开展中小河流的洪水预报、城市水文等工作;在抗旱方面,要拓展墒情监测分析工作,加强枯水期的水量监测和分析评价、旱情趋势预测分析工作;在公众信息服务方面,不仅要为政府、水利等提供水情信息服务,还要为交通、旅游、能源、港口以及广大社会公众服务,水情部门要在职责范围内,积极利用报纸、电台、电视、互联网+、短信等多种形式发布水情信息,进一步提高服务效率。只有这样,水情服务能力才能不断提高,我们的支撑能力才能更强,作用才能更大,水文事业才能不断发展。

7.4 加强基础研究

加强基础水文试验观测,研究不同尺度陆面水文过程、水文特征值对变化环境的响应及其驱动机制,加强资料缺乏地区水文预报理论与方法研究,研究地表水与地下水的转化机制和规律,开展水文资料一致性分析,研究变化环境下水利工程水文和水利计算分析新方法。重点研发陆汽耦合模型、陆面水文过程及其伴生过程耦合模型;研发多尺度水文水资源预报预警技术,提高预报精度和可靠性。

参考文献

［1］沂沭泗水利管理局水文局.沂沭泗水情手册［M］.徐州：中国矿业大学出版社,2019.

［2］水利部水文局,淮河水利委员会.2003 年淮河暴雨洪水［M］.北京：中国水利水电出版社,2006.

［3］沂沭泗水利管理局.2003 年沂沭泗暴雨洪水分析［M］.济南：山东省地图出版社,2006.

［4］淮河水利委员会.1991 年淮河暴雨洪水［M］.北京：中国水利水电出版社,2009.

［5］水利部水文局,淮河水利委员会.2007 年淮河暴雨洪水［M］.北京：中国水利水电出版社,2010.

［6］水利部淮河水利委员会.2012 年沂沭河暴雨洪水［M］.北京：中国水利水电出版社,2014.

［7］淮河水利委员会水文局(信息中心),沂沭泗水利管理局水文局(信息中心).2014 年南四湖生态应急调水计量与分析［M］.徐州：中国矿业大学出版社,2016.

［8］淮河水利委员会水文局(信息中心).2017 年淮河暴雨洪水［M］.北京：中国水利水电出版社,2019.